21世纪高等职业教育信息技术类规划教材

21 Shiji Gaodeng Zhiye Jiaoyu Xinxi Jishulei Guihua Jiaocai

C#面向对象基础教程

C# MIAN XIANG DUI XIANG JI CHU JIAO CHENG

宋楚平 周建辉 主编 王海峰 胡为民 副主编

人民邮电出版社

北京

图书在版编目（CIP）数据

C#面向对象基础教程 / 宋楚平，周建辉主编. --
北京 ：人民邮电出版社，2010.2（2017.1 重印）
21世纪高等职业教育信息技术类规划教材
ISBN 978-7-115-21660-1

Ⅰ. ①C… Ⅱ. ①宋… ②周… Ⅲ. ①
C语言－程序设计－高等学校：技术学校－教材 Ⅳ.
①TP312

中国版本图书馆CIP数据核字(2009)第236400号

内 容 提 要

本书以 C# 语言面向对象的知识体系为主线，采用典型案例引导、任务驱动的模式进行编写。在内容的安排上遵循"实用、够用、应用"的原则，从基本知识、应用技能出发，介绍了使用 C# 语言开发控制台应用程序的基础知识、编程方法和实践技巧。

全书以案例和任务作为载体介绍 C# 语言的主要内容，并且配以大量的图表说明、解决思路提示和完成步骤介绍；在介绍 C# 语言的过程中，始终贯穿了面向对象的编程思想，力求使读者在学习 C# 语言的同时，深刻体会和理解面向对象编程的精髓和强大的功能。

本书可作为高职高专院校学生"C# 程序设计基础"课程的教材，也可供.NET 开发人员和程序设计爱好者参考使用。

21 世纪高等职业教育信息技术类规划教材

C#面向对象基础教程

◆ 主　　编　宋楚平　周建辉
副 主 编　王海峰　胡为民
责任编辑　潘春燕
执行编辑　王　威

◆ 人民邮电出版社出版发行　北京市丰台区成寿寺路 11 号
邮编　100164　电子邮件　315@ptpress.com.cn
网址　http://www.ptpress.com.cn
北京天宇星印刷厂印刷

◆ 开本：787×1092　1/16
印张：14　2010 年 2 月第 1 版
字数：357 千字　2017 年 1 月北京第 4 次印刷

ISBN 978-7-115-21660-1

定价：26.00 元

读者服务热线：（010）81055256　印装质量热线：（010）81055316
反盗版热线：（010）81055315

前 言

C#语言是一种简单易用、面向对象且类型安全的编程语言，是微软将 Java 集成到.NET 中的产物，是整个.NET 平台的基础，也是未来主流的编程语言。现在，越来越多的高校将 C#语言作为面向对象编程的课程教授，在高职院校基于项目、任务的教学课程改革开发的背景下，编写一本贯彻工学结合、突出实际应用，以典型任务承载教学内容的教材就变得迫切而具有现实意义。

我们对本书的体系结构和内容设置方面做了精心的设计，在章节的编排上以面向对象编程思想为脉络，以语言体系自然推进学习内容；在内容选取上充分考虑了工学结合的要求，重点选择在实际编程中广泛使用的知识点和程序设计方法，强调案例和任务的典型性；摒弃或者简单介绍那些相对比较落后，或者用得比较少的知识点和技术；在教学内容的安排上做到循序渐进、由浅入深，既考虑 C#语言解决问题的过程和步骤，又考虑学生的认知规律。

本书一共 12 章，分为 5 个单元。

第 1 单元：第 1 章～第 2 章，主要学习 C#简介、C#编程环境和 C#语言基础。

第 2 单元：第 3 章～第 6 章，主要学习面向对象编程基础、类型转换和命名空间、数组和方法、接口和抽象类。

第 3 单元：第 7 章～第 9 章，主要学习面向对象编程的核心思想：封装、继承和多态。

第 4 单元：第 10 章～第 11 章，主要学习集合、泛型和字符串。

第 5 单元：第 12 章，主要学习程序的异常处理，以及程序的调试方法和技术。

建议本教程的教学学时为 72 学时，学时分配如下表所示。当然可以根据学生实际情况对学时作必要的调整。

参考学时分配表

单元序号	授课内容	学时分配	
		理论	实践
1	C#简介、C#编程环境和 C#语言基础	8	8
2	面向对象编程基础、类型转换和命名空间、数组和方法、接口和抽象类	10	10
3	封装、继承和多态	8	8
4	集合、泛型和字符串	6	6
5	程序的异常处理、程序的调试方法和技术	4	4
合计		36	36

本书由宋楚平、周建辉任主编，王海峰、胡为民任副主编，其中王海峰编写了第 1 章～第 4 章，周建辉编写了第 5 章、第 8 章、第 9 章，胡为民编写了第 6 章、第 7 章，宋楚平编写了第 10 章～第 12 章。全书由宋楚平统稿，王路群审定。

本书得到江苏高校“青篮工程”的资助。

由于作者水平有限，书中难免有错漏之处，敬请读者批评指正。编者的 E-mail 为：ntscp@sina.com，欢迎联系和交流。

编 者

2009 年 12 月

目录

第1章 C#及编程环境简介

学习目标

- 了解 C#的发展历史
- 认识.NET 框架的组成，能够描述.NET 框架各部分的功能
- 熟悉 C#编程环境，能够编写、编译、运行简单的控制台应用程序

1.1 C#历史

C 和 C++语言曾是被广泛使用的编程语言，尽管这两种语言为编程人员提供了丰富的控制软件功能的方法和灵活的程序结构，但是使用 C/C++语言开发 Windows 应用程序显然复杂了很多，特别是相对于 Microsoft 公司推出的 Visual Basic 语言来说，使用 C/C++语言开发具有 Windows 图形界面的软件不仅效率低，而且复杂程度高。

近年来，随着 Internet 的发展和普及，越来越多的应用程序基于网络运行，而以前的 C/C++应用程序在网络方面的功能不够强大，C/C++语言本身的发展已经远远跟不上网络技术的飞速发展了。

所以，无论是经验丰富的程序员，还是初涉编程语言的学习者都在寻找一种新的编程语言，希望这种编程语言简单、易学、易用，同时具有强大而丰富的功能。

对于已经具有 C/C++编程经验的人员而言，理想的解决方法：将 C/C++语言的能够利用开发平台底层的功能同 Visual Basic 语言的快速开发应用程序的特性结合起来。这个新的语言的应用程序开发环境最好能够将原有的应用程序较好地继承、发展，并且可以同步地生成基于 Internet 标准的应用程序。

对于初学者来说，新的语言要像 Basic 语言一样具有较少的关键字，又要像 C 语言一样具有松散简单的程序结构和灵活的编程语法，同时这门编程语言还要具有所有现代编程语言的特性，也就是面向对象的编程语言。简单地说，就是希望新的语言既像 Basic 语言一样简单，又像 C/C++语言一样具有很强大的编程能力。这样，学习者只需学习这

一种语言就可以了。

鉴于此，IT 行业巨头们纷纷推出了自己的解决方案，例如，Sun 公司推出了 Java 语言，Java 是一个开放、标准、通用的网络运算平台，由于其强大的兼容性和跨平台性，已经成为在 Internet 技术领域被广泛采用的一个成熟的技术平台。但由于纯 Java 编程的应用系统其运行速度太慢，而且基于 Java 开发的应用系统目前并没有完全实现跨平台运行，这使得 Java 仍旧未能完全取代 C/C++。行业的竞争使得 Microsoft 公司推出了其进军 Internet 的庞大计划：.NET 计划和该计划中催生的新的开发语言——C#。

Microsoft 公司的.NET 计划是一项非常庞大的工程，也是 Microsoft 公司今后几年发展的战略核心，以实现“在任何时间、任何地点，采用相应的设备获取所需的信息”的梦想。Visual Studio.NET 则是 Microsoft.NET 的技术开发平台，其重要性不言而喻，C#就集成在 Visual Studio.NET 中。

C#的出现给用户又多了一种选择。Microsoft 公司对 C#的定义：“C#是一种类型安全的、现代的、简单的，由 C 和 C++衍生出来的面向对象的编程语言，它是牢牢根植于 C 和 C++语言之上的，并可立即被 C 和 C++的使用者所熟悉。C#的目的就是综合 Visual Basic 的高生产率和 C++的行动力”。从实际情况来看，这个定义应该是恰如其分的。

C#的发展经历了从最初的 1.2 版本到如今的 3.0 版本，具体如表 1.1 所示。

表 1.1　　C#的发展历程

时　间	C#版本	平 台 版 本	集成开发工具
2003 年 4 月 25 日	C# 语言规范 1.2	.NET Framework 1.1	Visual Studio .NET 2003
2005 年 10 月 27 日	C# 语言规范 2.0	.NET Framework 2.0	Visual Studio .NET 2005
2006 年 11 月 6 日	C# 语言规范 2.0	.NET Framework 3.0	Visual Studio .NET 2005
2007 年 8 月 20 日	C# 语言规范 3.0	.NET Framework 3.0	Visual Studio .NET 2005
2007 年 11 月 19 日	C# 语言规范 3.0	.NET Framework 3.5	Visual Studio .NET 2008

C#在带来快速开发应用程序的能力的同时，并没有去掉 C 与 C++所具有的优良特性，它继承了 C 和 C++的优点。因为 C#是专门为.NET 应用而开发的语言，这从根本上保证了 C#与.NET 框架的完美结合。在.NET 运行库的支持下，.NET 框架的各种优点在 C#中表现得淋漓尽致，归纳起来，C#具有以下几个方面的特征。

（1）简洁的语法。C#取消了指针和相关操作符（例如，“::”、“->”等）。在默认的情况下，C#代码在.NET 框架提供的可操控环境下运行，不允许直接的内存操作。C#用真正的关键字换掉了伪关键字，每种 C#类型在.NET 类库中都有新名字。在 C#中简化了 C++语法中的一些冗余。

（2）完全的面向对象设计。C#具有面向对象语言所应有的一切特性：封装、继承和多态。

在 C#的类型系统中，每种类型都可以看作一个对象，C#提供了一个叫做装箱（boxing）与拆箱（unboxing）的机制来完成这些操作。

C#只允许单继承，即一个类不会有多个基类，从而避免了类型定义的混乱。

C#中没有全局函数、全局变量、全局常数，一切都必须封装在一个类中。

整个 C#的类模型建立在.NET 虚拟对象系统（Visual Object System，VOS）的基础上，其对象模型是.NET 基础架构的一部分，而不再是其本身的组成成分。

（3）与 Web 紧密结合。.NET 中新的应用程序开发模型意味着越来越多的解决方案需要与 Web 标准相统一，SOAP(Simple Object Access Protocol)的使用使得大规模深层次的分布式开发成为可能。由于有了 Web 服务框架的帮助，对用户来说，网络服务看起来就像是 C#的本地对象。用户能够利用已有的面向对象的知识与技巧开发 Web 服务，仅需要使用简单的 C#语言结构即可。C#组件能够方便地为 Web 服务，并允许它们通过 Internet 被运行在任何操作系统上的任何语言所调用。

（4）完全的安全性与错误处理。安全性与错误处理能力是衡量一种编程语言是否优秀的重要依据。为了减少开发过程中的错误，C#会帮助用户通过更少的代码完成相同的功能。

.NET 运行库提供了代码访问安全特性，它允许管理员和用户根据代码的 ID 来配置安全等级。在默认情况下从 Internet 下载的代码都不允许访问任何本地文件和资源。

内存管理中的垃圾收集机制减轻了开发人员对内存管理的负担，.NET 平台提供的垃圾收集器（Garbage Collection，GC）负责资源的释放与对象撤销时的内存清理工作。

C#中不能使用未初始化的变量，对象的成员变量由编译器负责将其置为零，当局部变量未经初始化而被使用时，编译器将做出提醒。C#不支持不安全的指向，不能将整数指向引用类型，当进行下行指向时，C#自动验证指向的有效性。C#中还提供了边界检查与溢出检查功能。

（5）版本处理技术。C#提供内置的版本支持来减少开发费用，使用 C#会使开发人员更加轻易地开发和维护各种商业应用软件，从而保证软件系统中组件的升级。

（6）灵活性和兼容性。在简化语法的同时，C#并没有失去灵活性。如果需要，C#允许用户将某些类或者类的某些方法声明为非安全的。这样一来，用户便能够使用指针、结构和静态数组，并且调用这些非安全的代码，而不会带来任何问题。

C#遵守.NET 公用语言规范（Common Language Specification，CLS），从而保证了 C#组件与其他语言组件间的互操作性。元数据（Metadata）概念的引入既保证了兼容性，又实现了类型安全。

1.2 .NET 框架

如果脱离了.NET 平台而单纯学习 C#是没有太大意义的，所以用户必须先了解一些.NET 平台开发的基础知识，才能更深入了解 C#的特性。下面从软件开发模式不断发展、变革的原因中了解.NET 框架出现的必要性，随后进一步了解.NET 框架为软件开发带来的一些新的特性。

Windows 操作系统发展到今天，经历了若干个版本的升级，并由此不断带动着应用软件开发模式的更新和变革。在这里，首先对这些变革做一个简要的回顾。

早先开发一个标准 Windows 应用程序被公认为是一件很困难的事情，因为开发一个 Windows 应用程序意味着必须使用一种高级语言，并利用合适的软件开发包（SDK）提供的支持文件来构造应用程序。那个时期操作系统提供给开发人员的应用程序编程接口（API）还是比较原始的，在程序的代码中，API 接口不能很好地同系统级的代码实现分离，并只利用了基础硬件体系的一部分特性，所以，单纯从开发模式上讲，早先的软件开发还没有形成一个完善而科学的开发模式。

随着硬件的飞速发展，新一代操作系统的产生，软件开发方式的变革接踵而至。当这些强大的操作系统被成功地推向市场之后，一个著名的软件开发模型随之推出，它就是 Win32 API，这个应用程序编程接口代表了平台编程接口总体质量的一次非常显著的提升。直到今天，Win32 API 软件开发模式仍然是 Windows 系统核心开发模式之一。

随着 Win32 API 体系的逐步稳定，以及其包含的基本服务接口的不断完善，越来越多的 Win32 应用程序被开发出来。在这些应用程序当中，不乏像 Office 那样的软件产品。由于这些软件规模巨大，往往需要成百上千的工程师协同开发才能最终实现软件的所有功能，因此，业界对用于应用程序管理的技术提出了更高的要求。在 Win32 编程模式中使用动态链接库进行软件管理的传统技术，已不能满足需要，另一种软件管理方案被 Microsoft 公司推出并逐渐成为 Windows 操作系统的核心开发模式之一，这个方案就是组件对象模型（COM）。有了 COM，设计良好的应用程序便可以被分割成为若干组件，而这些组件都可以被单独开发和发布，这样就解决了应用程序的管理问题。

最近几年来，随着 Internet 的高速发展，Windows 平台上的软件开发技术也沿着基于 Web 的分布式应用程序开发方向不断地发展。为了实现分布式应用程序的开发，Microsoft 公司对 COM 进行了必要的扩展，从而形成了可以服务于企业应用的 COM+。COM+是一个扩展的 COM 运行环境，在基于 Web 的分布式应用程序架构中扮演着核心角色。

通过上面的回顾，用户基本上可以对 Windows 平台上应用软件开发模式的发展历程有一个大概的认识。显而易见，Win32 API 和 COM 开发模式是当今 Windows 平台上的主流开发模式。这两种模式发展至今，都经历了长时间实际应用的考验，日趋成熟。

既然 Microsoft 公司拥有了成熟的软件开发模式，为什么还要提出全新的.NET 呢？事实上，成熟的模式不等于是没有问题的模式，更不等于是完全符合未来发展趋势的模式。在日趋成熟的现有应用程序架构中，仍然存在着许多的问题，主要有以下问题。

（1）由版本问题造成的“DLL 灾难”。应用程序往往需要调用由其他供应商提供的共享动态链接库中的服务来简化自己的开发，但是，这种方式带来了一个大问题—— 这些动态链接库是由不同厂商开发的，所以开发人员正在使用的共享动态链接库的版本很可能不是最新的。

问题发生在该应用软件开发商决定发布升级补丁或者更高版本的应用程序时。因为安装新版本的应用程序时，会破坏用户已经安装的老版本应用程序使用的共享动态链接库，一旦这个共享动态链接库没有做好版本的向下兼容工作，便会造成老版本的应用程序出现运行时错误。这就是由版本问题造成的 Windows 平台上的“DLL 灾难”。

久而久之，这些令人烦恼的问题会让用户在安装新软件时产生恐惧感。用户会考虑软件升级是否值得，因为一旦将新版本的软件安装到机器上，便有可能会影响到老版本软件的运行。

（2）应用程序的发布通常要影响许多系统组件。在 Windows 操作系统中，安装软件仍是一件复杂的事情，安装过程不可避免地要影响整个系统。例如，安装应用程序不但要将文件安装到用户指定的目录中，而且要在注册表中进行更新工作，还要在桌面、快速启动工具栏或“开始”菜单上建立对应的快捷方式。

由于应用程序与注册表有太多的关联，应用程序如果发生变更，注册表中相关的内容也必须进行更新。正是由于这个原因，用户不能通过对应用程序进行简单复制而完成对应用程序的安装，通常必须执行特定的安装程序。还有，用户不能简单地删除应用程序以完成卸载任务，因为很多与应用程序有密切关联的组件可能仍然存在于系统中。

（3）应用程序的安全控制机制还很不完善。稍微有一点 Windows 编程经验的开发人员都可以编写一个只要一开始运行，就会删除 Windows 目录下的所有核心文件的应用程序。而如果这个恶作剧程序恰好被用户下载到本地计算机上，并执行了它，那么后果将不堪设想。对于这样的程序，Windows 系统并没有提供一种安全机制来对其行为加以限制，这个明显的缺陷使最终用户在安装软件时，担心自己会受到伤害。因此，Windows 必须想办法解决此类安全问题。

针对上述列出的一些问题，Microsoft 公司提出了新的解决方案——.NET 框架（.NET Framework）。.NET 框架是一个可以构造、发布以及运行 Web 服务的开发环境。从概念上讲，.NET 框架平台代表了一种崭新的软件开发模式，它与 Win32 API 或 COM 一样，是把系统服务以接口形式提供给开发人员的软件开发平台。与以往不同的是，.NET 框架能够更好地完成代码重用、资源配置、多语言集成开发和安全管理等任务，在安全性、易用性以及开发效率等方面远远超过了以前的开发模式。

在基于.NET 框架的开发模式中，开发 Windows 应用程序的应用程序接口（API）被封装在各种"类"中，使用.NET 类库来开发应用程序。.NET 框架体系主要由两大部分组成，一部分是最基本的公共语言运行库（Common Language Runtime，CLR），另一部分是一些提供了具体功能的类库，例如，网络应用的 ASP.NET、数据库应用的 ADO.NET、Windows 窗口类等。运行库的类库之间以及它们同 Windows 操作系统之间的关系如图 1.1 所示。

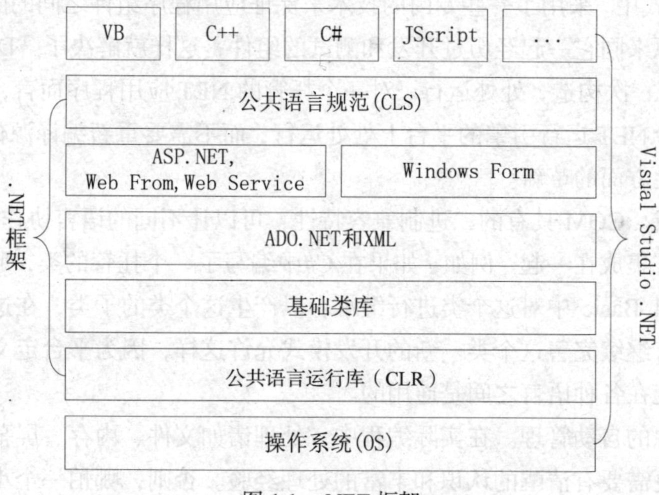

图 1.1 .NET 框架

.NET 框架由不同的组件组成，这些组件有助于创建和运行基于.NET 的应用程序。下面对这些组件做一些简单的介绍。

.NET 框架支持 3 种类型的用户界面：Web 窗体、Windows 窗体和控制台应用程序，Web 窗体利用 ASP.NET 和超文本传输协议来工作，Windows 窗体运行在 Win32 客户机上。

Web Service 是能被运行在 Internet 上的应用程序所共享的可编程 Web 组件。.NET 框架提供创建、测试和部署 Web Service 的工具和类。

ADO.NET 是新一代的数据库对象技术，它为无连接编程模型提供了更好的支持，也提供了 XML 扩展支持。

.NET Framework 类库体现了运行库特性，并且简化了.NET 应用程序的开发。.NET Framework 类库实现了.NET Framework 所有的应用程序（Web、Windows 和 Web Service）访问同一个.NET Framework 类库，并且这些类库被命名空间机制所控制。

公共语言运行库简化了应用程序的开发，提供了一个健壮的、安全的执行环境，支持多种语言，简化了应用程序的部署和管理。公共语言运行库也称为托管环境，在这个托管环境中自动提供诸如垃圾回收和安全性等公共服务。

符合公共语言规范（Common Language Specification，CLS）的任何语言都可以在公共语言运行库上运行。在.NET框架中，支持VB.NET、VC++.NET、C#.NET和JScript.NET等几种语言。

使用.NET框架有如下几点主要的优点。

（1）一致的编程模式。所有的应用程序服务都由一个通用的面向对象的编程模式来体现，这个编程模式和以前由操作系统通过暴露核心动态链接库输出函数的方式、以及通过访问COM对象提供接口的方式不一样。

（2）简化的编程模式。新的编程模式极大地简化了Win32 API和COM编程模式的复杂性。在新的开发平台上，开发人员终于从必须理解复杂的Win32和COM概念的痛苦中解放出来，而在.NET编程模式中，这些概念根本就不存在，更谈不上去理解。

（3）一次运行就会永远运行。前面提到过“DLL灾难”这个术语，这个经典问题会时常给用户制造麻烦。当一个新的应用程序安装到机器上的时候，如果新安装的组件覆盖了原来程序依赖的组件，就可能导致原来应用程序的崩溃。

在.NET编程模式中，采用了一些专门的技术来保证应用程序组件之间的隔离，从而保证应用程序总是加载那些原来同它一起经历过开发和测试的组件，这样就解决了“DLL灾难”问题。

（4）一次编写，一次构造，处处运行。对一个托管的.NET应用程序而言，只要被编写和构造一次，就可以在支持.NET运行引擎的平台上处处运行，而不需要重新编译源代码。比起以往，这是一个在程序移植性方面的革新。

（5）跨语言集成。COM具有的二进制兼容特性，可以让不同的语言协作在一起，而.NET框架可以让不同的语言集成在一起。例如，如果在C#中编写了一个托管的类，那么其他开发人员便可以轻松地在Visual Basic中对这个类进行继承，以产生这个类的子类，在这个类的基础上，使用Visual Basic语言继续完善这个类。新的开发模式允许这样，因为平台定义并提供了一个类型系统，这个类型系统在各种语言之间是通用的。

（6）内存和资源的自动管理。在实际编程中，处理诸如文件、内存、屏幕区域、网络连接和数据库等资源时，更需要有清醒的认识和丰富的处理经验。否则，哪怕一个小小的内存遗漏都有可能让软件在某个时候运行非常不稳定。.NET框架的CLR可以自动地跟踪应用程序的资源使用情况，并保证不会出现资源泄漏。

（7）一致的异常处理。在Windows平台上进行编程，一件很烦人的事情就是提示错误信息的风格不一。某些函数提示错误的方式是返回标准Win32错误代码，而另一些函数是返回HRESULTS值（用于COM)，还有一些函数则会引发异常。在.NET开发平台上，所有的错误处理都通过异常来报告，异常可以让开发人员从代码中去掉那些复杂的对可能错误的判断，使代码的编写、阅读以及维护工作大大简化。

（8）发布。在新平台上，安装软件意味着简单地将应用程序复制到目标机器上即可，而卸载应用程序则更为简单，只要删掉它们即可。

（9）安全。传统操作系统的安全机制在实现访问控制方面主要是面向个人用户账号的，在.NET平台中，这种模式得到了改进，其核心内容是一种信任机制。如果应用程序是从物理介质（比如CD-ROM）或其他可信任的服务器上安装的，那么这个应用程序是可以信任的。但是，对于那些来历不明的应用程序，诸如Web脚本、从因特网上下载的可执行文件或者可疑的E-mail附件，系统会使用代码访问安全机制对它们进行控制。

1.3 C#的编程环境

学习一种编程语言，首先要熟悉利用这种语言开发应用程序的运行环境。C#对编程环境的要求并不是很高，用户可以在文本编辑器中编写 C#代码，通过.NET 所提供的 C#编译器进行编译，就可以得到程序的输出结果；还可以在 VS.NET 的集成开发环境（IDE）中进行开发。

下面介绍 VS.NET 集成开发环境并且利用该环境开发一个简单的控制台应用程序。

1.3.1 VS.NET 集成开发环境

【学一学】

VS.NET 集成开发环境包括菜单栏、工具栏、类代码编辑窗口、工具箱、服务器资源管理器、解决方案资源管理器、“属性”窗口、“错误列表”窗口、“输出”窗口等，如图 1.2 所示。

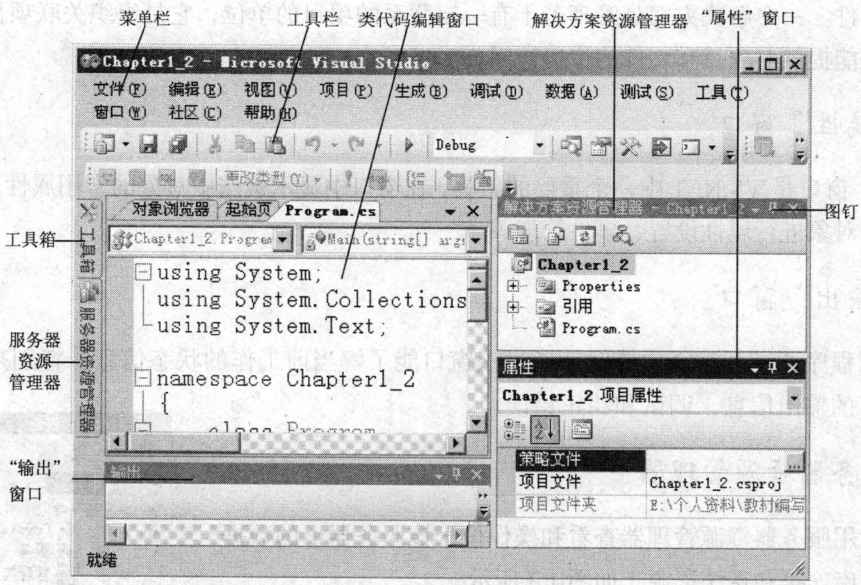

图 1.2　VS.NET 集成开发环境

1. 菜单栏

菜单栏包含丰富的菜单项，通过菜单项能实现程序开发中绝大部分的功能。菜单会随着不同项目和不同类型文件的变化而动态发生变化。

2. 工具栏

工具栏上包含了常见命令的快捷按钮，单击快捷按钮能执行相应的操作。工具栏上的快捷按钮也是智能变化的，它会随着当前任务的不同自动调整和改变命令按钮。

3. 类代码编辑窗口

类代码编辑窗口是编码人员必须熟练掌握的一个工具。该窗口主要用来输入、显示和编辑应用程序的代码。代码编辑器有以下几个方面的特点。

（1）智能缩进：自动为代码块设置合适的缩进量。

（2）自动语法检测：编辑器会自动检查编程人员书写的代码是否符合语法格式，并且在错误的语句下方加上红色的波浪线，同时将错误显示在错误列表窗口中。

（3）自动列出成员：当输入成员访问运算符“.”时，会在列表中显示所有有效的成员，供编程者选择。

（4）及时唤出：将光标定位在源代码某处，按“Ctrl+J”组合键，会及时唤出一个列表框，列表框中的内容与光标处的内容相同或最为接近，方便编程人员进行选择。

（5）快速浏览信息：将光标指向某个对象、方法、变量或常量时，就会显示光标所指内容的类型、原型、内容值等。

4. 解决方案资源管理器

在 VS.NET 开发环境中，项目是一个应用程序的编程单位，项目中主要包含类文件和其他的一些相关文件。一个解决方案是管理若干有一定联系的项目的单位，它是组织关联项目和文件的一种方式，能提供对项目和文件的快捷访问。

5. “属性”窗口

“属性”窗口是 VS.NET 中一个重要的工具，在窗口中显示被选中对象的常用属性，通过该窗口能对当前对象进行属性设置、事件管理等。

6. “输出”窗口

在应用程序调试和编译生成时，通过该窗口能了解当前工作的状态信息，特别是编码人员能利用窗口的输出信息，调试和纠正错误。

7. 服务器资源管理器

可以使用服务器资源管理器查看和操作位于该服务器上的数据链接、数据库连接和系统资源，如图 1.3 所示。

这样，就可以在不离开 VS.NET 的环境下，方便对所有的服务器和数据库资源进行管理和控制，以提高项目的开发效率。

图 1.3 服务器资源管理器

8. 工具箱

在学习本教程时，可能还用不到工具箱。但在开发 Windows 应用程序、Web 应用程序时，工具箱的使用频率会非常高。工具箱提供了可视窗体或页面中可用的一些控件，对所有的控件按用途、以列表的形式进行分类，如图 1.4 所示。

图 1.4　工具箱

1.3.2　一个简单的控制台应用程序

【学一学】

在 Visual Studio .NET 2005 中创建一个控制台应用程序，来输出“Hello World!”。创建该程序的基本步骤如下。

（1）单击“开始”→“程序”→“Microsoft Visual Studio 2005”菜单项，打开 Microsoft Visual Studio 2005，如图 1.5 所示。

图 1.5　VS2005 主界面

（2）打开应用程序之后，单击“文件”→“新建”→“项目”菜单项，打开“新建项目”对话框，在该对话框中，“项目类型”选择“Visual C#”，“模板”选择“控制台应用程序”，“名称”命名为“Chapter1_1”，选择项目要保存的路径，操作后的结果如图 1.6 所示，然后单击“确定”按钮。

（3）在如图 1.7 所示的解决方案资源管理器中，有一个 Program.cs 文件，该文件是控制台应用程序的主文件，因为该文件包含一个 Main 主方法，程序从该方法入口，向下执行代码。

文件 Program.cs 的内容如下。

```
using System;
using System.Collections.Generic;
```

```
using System.Text;

namespace Chapter1_1
{
    class Program
    {
        static void Main(string[] args)
        {
        }
    }
}
```

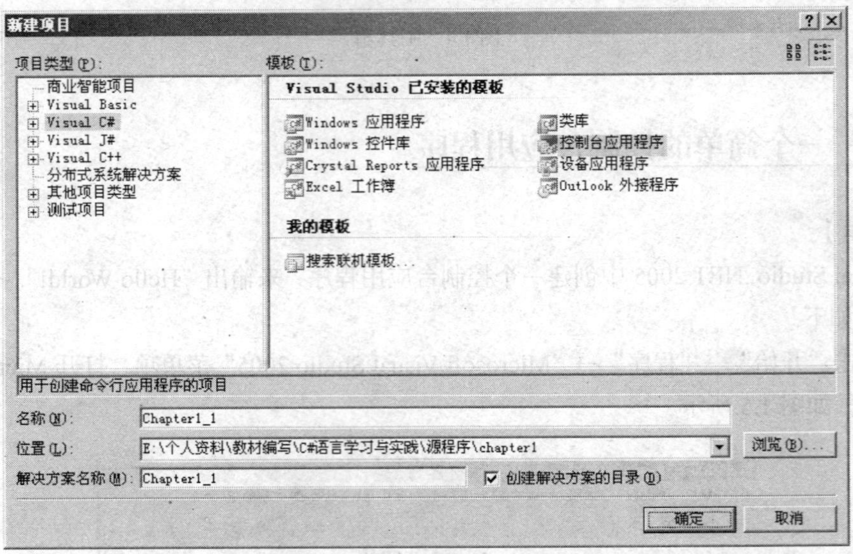

图 1.6 “新建项目”对话框

上述代码中，using System 语句引入命名空间 System，该命名空间包含了若干用于编程的基类和其他子命名空间。namespace Chapter1_1 语句说明类 Program 位于该命名空间中。方法 Main 是程序的入口。

（4）在 Program.cs 文件的 Main（ ）方法中编写如下代码。

```
Console.WriteLine("Hello World!");
Console.ReadLine();
```

上述代码中，Console 是一个处理控制台输出流、输入流的类，方法 WriteLine、ReadLine 分别向控制台输出一行文本和读取一行文本。

（5）按“F5”键或者单击工具栏中的▶按钮，调试和运行程序，执行结果如图 1.8 所示。

图 1.7 解决方案资源管理器

图 1.8 程序的执行结果

从上述的“Hello World”示例程序可以看出，使用 Visual Studio .NET 2005 集成开发环境进行代码的编写和程序的编译与运行是非常简单和方便的，后面章节中的示例均采用该环境来完成。

需要指出的是，在后面章节中，往往要涉及添加类的操作，例如，在上述项目 Chapter1_1 中要添加一个类文件 User.cs，可以通过以下步骤来完成。

（1）在解决方案资源管理器中鼠标右键单击项目 Chapter1_1，在弹出的快捷菜单中选择“添加新项”菜单项；或单击“项目”→“添加类”菜单项，出现“添加新项”对话框，如图 1.9 所示。

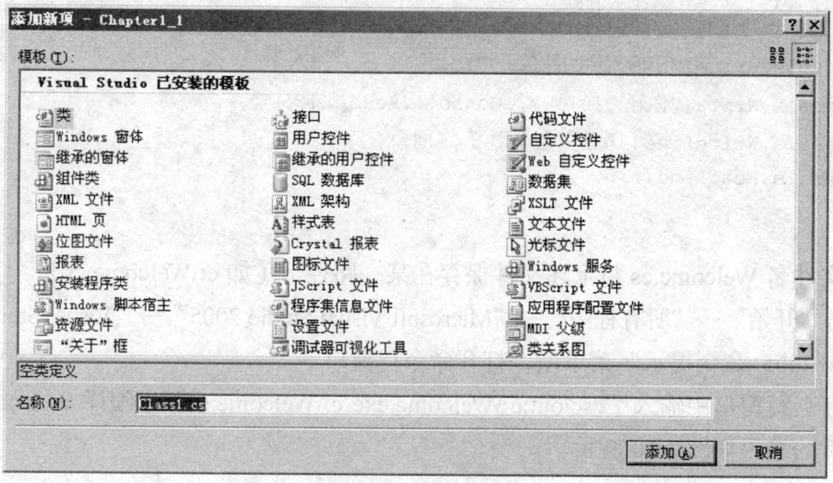

图 1.9　“添加新项”对话框

（2）在“添加新项”对话框的“模板”中选择“类”，把名称“Class1.cs”改为“User.cs”，单击“添加”按钮，即可完成类文件的添加。

本章小结

本章主要介绍了 C#的发展历史，以及.NET 框架的基本结构，重点阐述了.NET 各部分的基本功能和作用。学习这些基本知识，为进一步了解应用程序的运行机制和编程方法奠定基础。本章通过一个经典的“HelloWorld!”控制台应用程序，来熟悉 VS2005 的编程环境，掌握控制台应用程序的基本组成，让读者能够编写、编译、运行简单的控制台应用程序，并能够向项目中添加新的类文件。

练一练

任务 1.1

通过记事本编写一个名为 Welcome.cs 的 C#源程序，利用 C#编译器 csc.exe 编译该源程序，生成一个控制台应用程序，程序执行后的结果如图 1.10 所示。

操作要求

（1）打开记事本，在其中编写如下代码。

```
using System;
class Welcome
 {
   public static void Main()
   {
     Console.Write("请输入你的姓名： ");
     Console.Write("你好，{0}！ ", Console.ReadLine());
     Console.WriteLine("欢迎一起来学习 C#!");
     Console.ReadLine();
   }
 }
```

（2）以文件名 Welcome.cs 将上述文件保存在某一路径下（如 c:\Welcome.cs）。

（3）单击“开始”→“所有程序”→“Microsoft Visual Studio 2005”→“Visual Studio Tools”→“Visual Studio 2005 命令提示”菜单项，打开命令行窗口。

（4）在命令行窗口中输入“csc/out:c:\Welcome.exe c:\Welcome.cs”来编译 Welcome.cs 源程序文件。编译后的结果如图 1.10 所示。

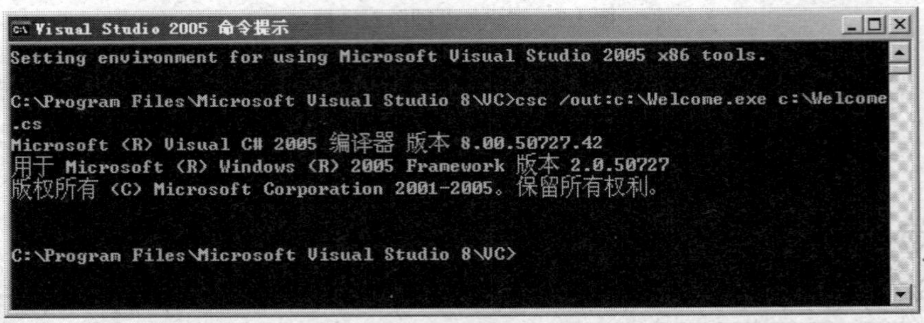

图 1.10　编译后的结果

编译后就会在 C 盘根目录下生成一个名为 Welcome.exe 的命令文件。

执行结果

在“C:\”目录下找到 Welcome.exe 文件，双击运行该程序，按提示输入姓名，程序的执行结果如图 1.11 所示。

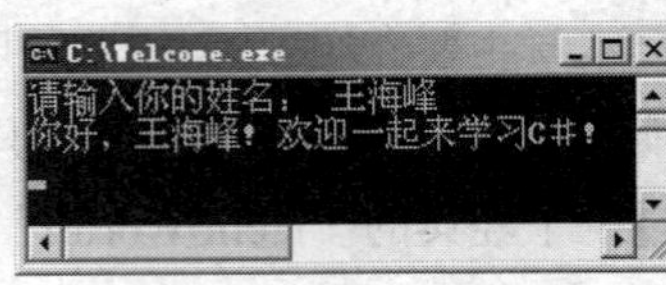

图 1.11　程序的执行结果

任务 1.2

在 Visual Studio .NET 2005 的集成开发环境中创建一个控制台应用程序，根据用户输入的姓名显示如图 1.11 所示的信息。

操作要求

（1）新建一个名为 Chapter1_2 的控制台应用程序。

（2）在 Program.cs 文件的 Main（）方法中编写如下代码。

```
static void Main(string[] args)
{
    Console.Write("请输入你的姓名： ");
```

```
    Console.Write("你好， {0}！", Console.ReadLine());
    Console.WriteLine("欢迎一起来学习 C#!");
    Console.ReadLine();
}
```

执行结果

运行程序，按提示输入姓名。程序的执行结果如图 1.12 所示。

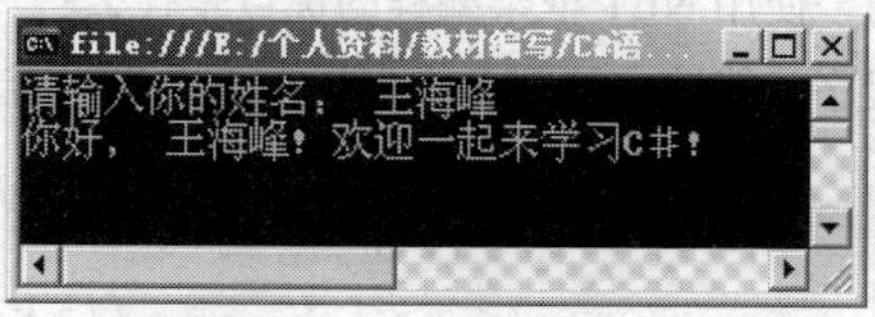

图 1.12　程序的执行结果

习题 1

一、填空题

1. 目前最新的 C#语言规范是________版本。

2. .NET 框架主要包括公共语言规范、________、________、________和公共语言运行库。

3. Visual Studio 2005 的________窗口包含共同构成 C# 应用程序的一个或多个项目。

4. Visual Studio 2005 的________窗口能对服务器和数据库资源进行管理和控制。

5. 在代码编写过程中，按________键能弹出一个列表框，方便编码人员进行选择编程。

二、选择题

1. （　　）提供项目及其文件的有组织的视图。

A. 解决方案资源管理器　　B. “属性”窗口

C. 类视图　　D. 工具箱

2. （　　）体现了运行库特性，并且简化了.NET 应用程序的开发。

A. 公共语言运行库　　B. 类库

C. 公共语言规范　　D. ADO.NET

3. 在“工具”菜单中选择“选项”菜单项可以更改启动 VS 默认出现的用户界面，以下（　　）是 Visual Studio 支持的启动界面。

A. 最后一次加载的项目　　B. 打开起始页

C. 空环境不打开任何界面　　D. 打开主页

4. 在代码编辑窗口中，按（　　）组合键，能在编辑行处弹出列表框。

A. “属性”窗口　　B. 服务器资源理器

C. 解决方案资源管理器　　D. 工具箱

5. 启动调试的快捷键是（　　）。

A. F5　　B. F2　　C. Ctrl+F5　　D. F9

三、综合题

1. 列出 C#程序语言的基本特征（至少 3 个）。

2. 简述.NET Framework 的结构以及各部分的基本功能。

3. 与传统的开发环境相比，使用.NET 框架编程的优点是什么？

4. 创建一个控制台应用程序，能够在控制台中显示以下文本内容。

```
***********************
*                     *
*   C#控制台程序      *
*                     *
***********************
```

5. 创建一个控制台应用程序，然后按“Ctrl+F5”组合键来查看程序的执行结果，执行结果如图 1.13 所示。

图 1.13　程序的执行结果

第2章 C#语言基础

学习目标

- 理解变量和常量的概念，能根据实际情况定义合适类型的变量和常量
- 了解数据类型的分类
- 掌握成员方法的定义，能熟练调用成员方法
- 掌握 C#中运算符、表达式以及控制语句的使用方法

2.1 变量和常量

利用 C#语言解决问题的基础是数据结构和算法，而描述一个数据结构的基础是数据类型，算法是解决问题而采取的方法和步骤。算法处理的对象是数据，而数据是以某种特定的形式存在的，如整数、字符等形式。这些不同类型的数据是通过指定一个存储单元来保存的，存储单元的命名就是变量或者常量，每个变量或常量都对应一定的数据类型和名称。

2.1.1 变量

【学一学】

变量是 C#程序中的基本存储单元，每一个变量都由一个变量名来标识，每一个变量都有一个类型，这个类型决定何种类型的数据可以被存储在这个变量中。变量包括变量名、变量类型、变量作用域和变量的生存期 4 个要素。

变量名必须是合法的标识符，所谓合法就是为变量起名时要遵守以下规范。

（1）变量名必须以字母开头。

（2）变量名只能由字母、数字和下画线组成，而且不能包含空格、标点符号、运算符等符号。

（3）变量名不能与 C # 中的关键字相同。

（4）变量名不能与 C＃中的库函数名称相同。

在 C#中有一点是例外的，那就是允许在变量名前加前缀“@”。在这种情况下，可以使用前缀“@”加上关键字作为变量的名称。这主要是为了与其他语言进行交互时避免冲突。因为前缀“@”实际上并不是变量名的一部分，其他的编程语言就会把它作为一个普通的变量名。在其他情况下，不推荐使用前缀“@”作为变量名的一部分。

变量类型指明变量的存储长度和操作行为。变量的作用域表明哪些代码可以访问变量，是全局的还是局部的。变量的生存期指的是变量在内存中存在的周期。

创建变量是通过声明类型并标识它的名字来完成的，变量必须先声明，然后才可以使用。声明一个变量的语法如下。

```
[属性][修饰符]数据类型  变量名;
```

属性和修饰符将在后续的章节中介绍，数据类型是指变量的类型，变量名是给变量取的名称。下列代码段列出了一些合法和非法的变量。

```
int  i;              //合法
int  No.1;           //不合法，含有非法字符
string  total;       //合法
char  for;           //不合法，与关键字名称相同
char  @for;          //合法
float  Main;         //不合法，与函数名称相同
```

尽管符合了上述要求的变量名就可以使用，但在给变量取名的时候，还应做到见名知义，这样写出来的程序才便于理解。比如一个学生的名字可以叫 s_name，而 t79SW 就不是一个好的变量名。

可以在一条语句中同时命名多个类型相同的变量，如下列代码所示。

```
int  a,b,c=50,d; //声明了 int 类型的变量 a, b, c 和 d
```

需要注意的是，C#要求变量在使用前必须初始化，所谓初始化就是变量在被使用前必须赋值。声明一个变量可以初始化也可以不初始化，但在使用前必须初始化。

初始化变量可以通过两种方法来完成，一种是显式赋值，另一种是隐式赋值。例如，下列代码行就是隐式赋值。

```
int count = new int();
```

变量 count 实际上是值类型的默认值，该语句的效果与以下代码的效果相同。

```
int count = 0;
```

表 2.1 列出了所有基本数据类型的默认值。

表 2.1　　基本数据类型的默认值

值 类 型	默 认 值
数值类型（decimal/double/float/int/long/short/byte 等）	0 或 0.0
bool	False
char	'\0'
enum	0

【试一试】

任务 2.1

声明 3 个整数类型（int)的变量 a、b、c，在声明变量的同时初始化变量 a，然后按如下公式分别为变量 b、c 赋值。

```
b=5*a;
c=a+b;
```

最后依次输出变量 a、b、c 的值。

解决思路

（1）在主方法 Main 中声明 3 个整型变量，并为第一个变量 a 赋初值。

（2）按上述公式分别为变量 b、c 赋值。

（3）将 3 个变量依次在控制台输出。

完成步骤

（1）创建一个名为 Chapter2_1 的控制台应用程序。

（2）在默认生成的类文件 Program.cs 的方法 Main 中编写如下代码。

```
static void Main(string[] args)
{
    int a=5,b,c;                                        //声明变量并初始化变量 a 为 5
    b = 5*a;                                            //为变量 b 赋值
    c = a + b;                                          //为变量 c 赋值
    Console.WriteLine("a={0},b={1},c={2}", a,b,c);      //输出变量的值
}
```

（3）按 "Ctrl+F5" 组合键执行程序，运行的结果如图 2.1 所示。

将方法 Main 中的代码稍做修改，使得变量 b 在使用前没有进行初始化，修改后的代码如下。

```
static void Main(string[] args)
{
    int a=5,b,c;                                        //声明变量并初始化变量 a 为 5
    //b = 5*a;                                          //为变量 b 赋值
    c = a + b;                                          //为变量 c 赋值
    Console.WriteLine("a={0},b={1},c={2}", a,b,c);      //输出变量的值
}
```

将代码行 b=5×a；注释掉后，也就形成了变量 b 没有进行初始化就使用的情况。执行程序，就会产生如图 2.2 所示的程序编译错误。

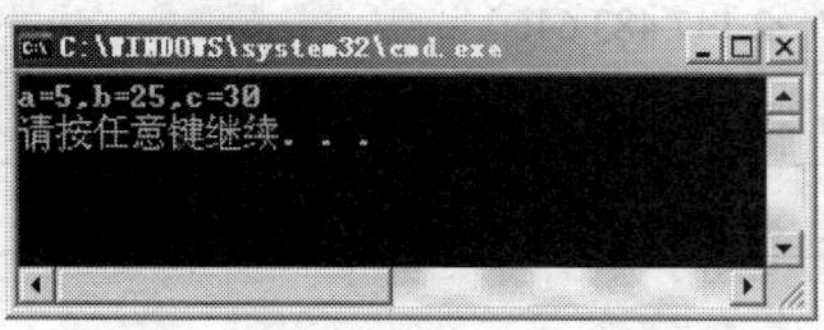

图 2.1　输出 3 个变量的值

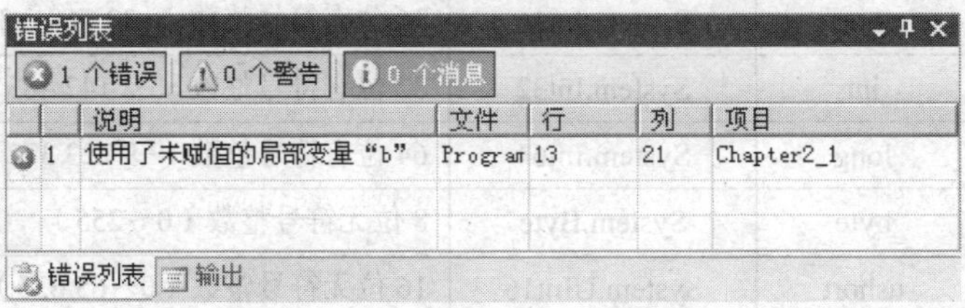

图 2.2　变量 b 未赋值导致的编译错误

2.1.2　常量

与变量不同，常量的值在程序运行过程中是不能改变的。其类型只可以是基本数据类型和字符串类型。可以认为常量是一种特殊的变量，是用来存储常数的变量。要定义一个常量，其语法格式如下。

```
[属性][修饰符]const 数据类型 常量名=表达式;
```

定义变量时，使用关键字 const 声明一个常量，其表达式中的运算对象只能是常数和常数。另外，为了便于识别，常量名一般全部采用大写。常量必须在声明的时候被初始化，一经初始化了，就不能改变。例如，以下代码列出了定义常量的非法与合法情况。

```
const long PI;                  // 错误。在该语句中必须为 PI 赋值
const long PI=3.141 592 6L;     //正确。声明了一个 long 类型的常量
```

2.2 数据类型

学习一门程序设计语言必须要了解它提供的数据类型，了解它的功能与限制，才能为程序设计选择合适的数据类型。C#中将所有的数据类型分为两大类：值类型和引用类型。值类型变量存储实际的值，而引用类型变量并不存储实际的值而存储指向数据的地址，所以对于同一个数据可以有多个引用。

2.2.1 值类型

【学一学】

值类型变量直接存放实际数据，都有固定的长度，值类型变量的值都保存在堆栈中。值类型包括简单值类型和复合型值类型。简单值类型可以细分为整数类型、字符类型、实数类型和布尔类型，复合型值类型包括结构类型和枚举类型。

1. 整数类型

整数类型是值类型中的一种。表 2.2 列出了 C#中的所有整数类型。

表 2.2 整数类型

C#类型	.NET 系统类型	说　明
sbyte	System.Sbyte	8 位有符号整数（−128～127）
short	System.Int16	16 位有符号整数（−32 768～32 767）
int	System.Int32	32 位有符号整数（−2 147 483 647～2 147 483 646）
long	System.Int64	64 位有符号整数（−9 223 372 036 854 775 808～9 223 372 036 854 775 807）
byte	System.Byte	8 位无符号整数（0～255）
ushort	System.UInt16	16 位无符号整数（0～65 635）
uint	System.UInt32	32 位无符号整数（0～4 294 967 295）
ulong	System.UInt64	64 位无符号整数（0～18 446 744 073 709 551 615）

整数可以用十进制数或十六进制数表示，如下列代码所示。

```
int i=1;                        // 整型变量 i 用十进制数表示
long j=0x1234AF;                //长整型变量 j 用十六进制数表示，前缀为 0x。
```

2. 实数类型

实数类型有 float、double 和 decimal 3 种类型，分别叫做单精度、双精度和固定精度类型，表

2.3 列出了实数类型。

表 2.3 实数类型

C#类型	.NET 系统类型	说明
float	System.Single	单精度浮点数，值范围为$\pm1.5\times10^{-45}$～$\pm3.4\times10^{38}$,7 位有效数字
double	System.Double	双精度浮点数，值范围为$\pm5.0\times10^{-324}$～$\pm1.7\times10^{308}$,15～16 位有效数字
decimal	System.Decimal	保存$\pm1.0\times10^{-28}$～$\pm7.9\times10^{-28}$的值

浮点数可以用十进制数或幂的形式表示。Float 类型要加后缀 f 或 F，double 类型要加后缀 d 或 D。decimal 类型通常用于财务计算，decimal 类型需要后缀 M 或 m，如下列代码所示。

```
float i=8.88f;      //声明 float 类型变量 i 并对其初始化
double j=7E-02;     //声明 double 类型变量 j 并对其初始化，其值等于 0.07。
```

3. 字符类型

字符（char）类型表示 Unicode 字符，是无符号的 16 位整数，可以容纳 65 535 个组成 Unicode 字符空间的数值。char 值可以写成如下的形式。

'A'　//一个简单字符

```
0x02D               //十六进制数值
'\u0041'            //Unicode 字符值
'\n'                //转义字符
(char)32            //带有数据类型强制转换符的整数类型 int
```

转义字符是以反斜杠（\）为首的两个特殊字符标记，表示特定的含义，常见的转义字符如表 2.4 所示。

表 2.4 常见的转义字符

字　符	含　义	值（Unicode）
\'	单引号	0x0027
\"	双引号	0x0022
\\	反斜杠	0x005C
\0	空字符	0x0000
\a	警铃	0x0007
\b	退格	0x0008
\f	换页	0x000C
\n	换行	0x000A
\r	回车	0x000D
\t	水平制表	0x0009
\v	垂直制表	0x000B

4. 布尔类型

布尔（bool）类型是逻辑值，取值只能是 true 或者 false，bool 类型对应于.NET 类库中的 System.Boolean 结构，它在计算机中占 4 个字节，即 32 位存储空间。

在程序中，通过对布尔类型值的判断来控制程序的执行，具体的应用将在第 5 节进行详细的介绍。

5. 结构类型

在实际应用中，一组相关的数据可能是相同类型的，也可能是不同类型的。如一个学生的学号、姓名、性别和年龄等数据，它们是相关的，且往往要作为一个整体来应用，这时就需要一种类型来定义一系列相关的数据，这种类型就是结构。

结构类型使用关键字 struct 来定义，声明结构类型的语法格式如下。

```
struct 结构名称
{
    结构成员定义;
}
```

声明结构后，就可以声明该结构类型的结构变量了。声明结构变量的语法格式如下。

```
结构名 变量名称;
```

要访问结构变量的某个成员，要采用以下格式来完成。

```
变量名称.成员名称
```

【试一试】

任务 2.2

定义一个学生结构（包含学号、姓名、年龄、专业）来存储学生的基本信息，声明一个该结构类型的变量，并为该变量的各成员赋值，最后输出该学生的基本信息。

解决思路

（1）在类中声明一个学生结构 Student。

（2）在主方法 Main 中声明一个 Student 类型的变量 stud，并依次为该变量的各成员赋值。

（3）在控制台将变量 stud 的各成员数据输出。

完成步骤

（1）创建一个名为 Chapter2_2 的控制台应用程序，在该项目中的 Program.cs 文件中添加如下代码。

```
struct Student
{
    public int sno;     //成员 sno
    public string name;
    public int age;
    public string speciality;
}
```

上述代码定义了一个名为 Student 的结构类型，其中包含 4 个成员变量。

（2）在主方法 Main 中添加如下代码。

```
static void Main(string[] args)
{
    Student stud;         //声明 Student 类型的变量 stud
    stud.sno = 12;        //为变量 stud 的成员 sno 赋值
    stud.name = "章小强";
    stud.age = 18;
    stud.speciality = "软件技术";
```

```
    Console.WriteLine("该生学号：{0}，姓名：{1}，年龄：{2}岁，专业：{3}。",
        stud.sno,stud.name,stud.age,stud.speciality); //将变量 stud 的各成员的值输出
}
```

（3）按“Ctrl+F5”组合键执行程序，运行的结果如图 2.3 所示。

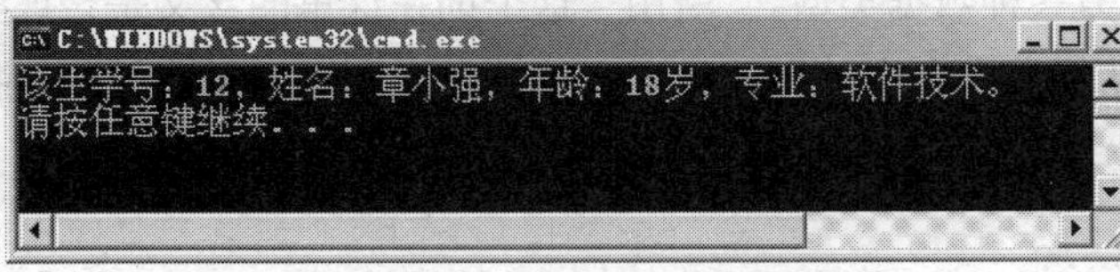

图 2.3　输出学生的基本信息

6. 枚举类型

现实生活中，经常要用到一组相关的常数，如 1～12 月、星期一～星期日等。这些常数的取值应限定在一个合理的范围内，且在实际编程过程中，这些常数最好能用直观的中文或英文来表示，以增强程序的可读性。在 C#中，就用枚举类型来解决此类问题。

枚举类型主要用于表示一个逻辑相关联的项的组合，使用关键字 enum 来定义，语法格式如下。

```
enum 枚举名
{
    枚举成员 1,枚举成员 2,…
}[;]//该分号可有可无
```

枚举实际上是为一组在逻辑上密不可分的整数值提供便于记忆的符号。例如，下列代码定义一个代表星期的枚举类型 WeekDay，并声明一个该类型的变量 day。

```
enum WeekDay  //定义了一个枚举类型 WeekDay
{
    Sunday,Monday,Tuesday,Wednesday,Thursday,Friday,Saturday
}
WeekDay day; //声明该类型的一个变量 day
```

结构跟枚举之间的区别如下。

（1）结构是由不同类型的数据组成的一组新的数据类型，结构类型的变量的值是由各个成员的值组合而成的。而枚举则不同，枚举类型的变量在某一时刻只能取枚举中某一个元素的值。比如，day 这个表示“星期”的枚举类型的变量，它的值要么是 Sunday，要么是 Monday 或其他的星期元素，但它在一个时刻只能代表具体的某一天。

（2）结构的每个成员的默认值是成员所在类型的默认值。而枚举中的每个元素类型都是 int 型，且第一个元素默认的值为 0，它后面的每一个连续元素的值按加 1 递增。在枚举中，也可以给元素直接赋值，如将下列代码段中的星期日的值设为 1，则其后的元素的值分别为 2、3、4、5、6、7。

```
enum WeekDay
{
    Sunday=1,Monday,Tuesday,Wednesday,Thursday,Friday,Saturday
}
```

另外，为枚举类型的元素所赋的值的类型仅限于 long、int、short 和 byte 等整数类型。

2.2.2 引用类型

【学一学】

引用类型是 C#的另一种数据类型。“引用”这个词在这里的含义是，该类型的变量不直接存储包含的值，而是存储值在内存中的存储位置。也就是说，引用类型的变量指向被引用的对象，它存储的是实际值的“引用”（即地址或指针)。C#预定义了两种引用类型：object 类型和 string 类型。

1. object

object 类型是所有值类型和引用类型的基类，几乎所有的数据类型都是直接或间接地从 object 类型继承而来的。一般来说，当若干个引用类型的变量引用同一个对象时，无论通过哪一个引用变量改变其引用对象的属性，其他引用变量引用的对象的属性也会随之改变。

定义一个对象类型的变量的语法格式如下。

```
object 变量名;
```

下列代码声明了一个对象类型的变量 *i*，并分别将整数类型和浮点类型的值赋值给它。

```
object i;
i=10;
i=20.05f;
```

定义为 object 类型的变量可以接收任何类型的数值。

2. string

string 类型虽然也是引用类型，但它的工作方式更像值类型，如以下代码所示。

```
    string s1 = "hello";
    string s2 = s1;
```

上述代码中，s2 和 s1 都引用了同一个字符串类型，但是当 s1 的值发生改变时，例如，

```
s1="goodbye";
```

s2 的值仍然是“hello”。之所以会这样，是因为当改变 s1 的值时，新创建了一个 string 对象，s1 引用这个新的 string 对象，而 s2 仍然引用原来的 string 对象，两个对象是独立的，故 s1 的变化不会影响到 s2。

由此可见，string 对象是恒定的，也就是说，一旦一个 string 对象被创建，它的值就不能再修改，所以当改变一个字符串变量的值的时候，仅仅是新创建了一个包含修改内容的新的 string 对象。

string 类型代表不可变的 Unicode 字符，是 System.String 类的别名。字符串在编程中的使用非常普遍，字符串的值是通过双引号（""）把字符引起来生成的。

除了 object 类型和 string 类型是引用类型之外，类、数组、接口和委托等类型也是引用类型。

3. 类

类是一组具有相同数据结构和相同操作的对象的集合。创建类的实例必须使用关键字 new 来声明。

类和结构之间的根本区别：结构是值类型，而类是引用类型。对于值类型，每个变量直接包含自身的所有数据，每创建一个变量，就在内存中开辟一块区域；而对于引用类型，每个变量只

存储对目标存储数据的引用，每创建一个变量，就增加一个指向目标数据的引用。

关于类的详细内容，将在第 3 章详细介绍。

4. 接口

应用程序之间要相互调用，就必须事先达成一个协议，被调用的一方在协议中对自己所能提供的服务进行描述。在 C＃中，这个协议就是接口。接口中对方法的声明，既不包括访问修饰符，也不包括方法的执行代码。接口定义的只是一组方法或者一个公共属性，它必须通过类来实现。按照惯例，接口的名字以大写字母"I"开头。

接口的定义如下列代码所示。

```
interface Ishape          //通过关键字 interface 定义了一个接口 IShape
{
    void Draw ( ) ;       //在接口中定义了一个方法 Draw 的声明
}
```

在定义接口的代码中，需要注意的是，声明接口内的方法时，不能有访问修饰符，也不能有方法的具体实现。第 6 章将对接口进行详细的学习。

5. 委托

委托是 C#中的一种引用类型，是面向对象、类型安全的。它主要用于 .NET Framework 中的事件处理和回调函数。在使用委托的时候，可以像对待类一样对待它，也就是要先声明，再实例化。类在实例化之后叫做对象或实例，而委托在实例化之后仍然叫做委托。在 C#中，通过关键字 delegate 来声明委托，声明的语法格式如下。

```
[修饰符] delegate 数据类型 委托名([参数列表]);
```

下列代码声明了一个委托 MathsOp，这样任何一个返回值为 double，且只有一个 double 类型形参的方法都可以用委托 MathsOp 进行调用。

```
delegate double MathsOp(double x); //声明了一个委托 MathsOp
```

关于委托更详细的内容将在第 5 章介绍。

6. 数组

在进行批量处理数据的时候，经常要用到数组。数组是一组类型相同的有序数据。数组按照数组名、数据元素的类型和维数进行描述。C#中提供的 System.Array 类是所有数组类型的基类。声明数组的语法格式如下。

```
类型[] 数组名;
```

下列代码声明了一个整数数组 array。

```
int[] array;
```

在定义数组的时候，可以预先指定数组元素的个数，这时在"[]"中指定数组的元素个数。数组元素的个数可以通过数组名加"."加"Length"来获得。在使用数组的时候，可以在"[]"中加下标来取得对应的数组元素。C#中的数组元素的下标是从 0 开始的，也就是说，第一个元素对应的下标为 0，以后元素的下标依此递增。

在 C#中数组可以是一维的，也可以是多维的。一维数组最为普遍，用得也最多。关于数组更加详细的内容将在第 5 章介绍。

2.3 类的成员方法

前面的章节中，几乎将所有的代码都集中在类 Program 的方法 Main 中，由该方法来完成所有的功能。如果程序都比较小，这样做是没有什么大的问题的。但在实际编程过程中，程序可能很长，而且比较复杂，这时用一个方法来完成所有的功能，就显得力不从心了，程序员往往将代码按照功能或其他的依据划分为多个程序块，从而形成类的成员方法。

2.3.1 成员方法的定义

【学一学】

对于一个类而言，其主要构成要素是它的成员变量和成员方法。成员方法是指有指定名称的一组语句。每个成员方法都具有一个方法名和一个方法体。方法体中包含实际的执行语句，这些语句在该方法被调用时执行。方法名是方法的标识符，它跟变量名一样，必须满足命名规则。大多数方法可以用来处理数据，并且返回结果。方法是一种基本的且功能强大的编程机制。

声明成员方法的一般语法如下。

```
[方法修饰符] 返回的数据类型 方法名([形式参数列表])
{
    ......          //方法体
}
```

方法修饰符是可选项，表 2.5 列出了声明时可以用于类成员的访问修饰符，这些修饰符可以控制类成员的作用域。

表 2.5 类成员的访问修饰符

声　明	定　义
public	访问不受限制，public 成员可以被任何其他类访问
private	访问只限于包含该成员的类，只有包含该成员的类才可以访问该成员
internal	访问只限于所在的程序集，只有在同一程序集内的类才能访问该成员
protected	访问限于包含该成员的类及该类的派生类
protected internal	访问限于包含该成员的类、派生类以及与其位于同一个程序集内的类

访问修饰符具有一些规则，譬如，类的访问修饰符总是默认为 internal，而类的成员的访问修饰符则被默认为 private。对于一个类成员只能使用一个访问修饰符，protected internal 尽管是两个单词，但它是一个访问修饰符。

返回的数据类型是数据类型名，用来指定方法返回值的数据类型。方法的返回类型可以是任何数据类型，例如，int 或者 string。如果方法没有返回值，那么返回的数据类型必须用关键字 void 明示。

方法名用来标识和调用方法。方法名的命名规则和变量名一样。在为方法命名时，要注意使成员方法名具有一定的描述性，也就是见名知意。

形式参数列表用来描述方法接受的参数的类型和名称。参数位于两个圆括号之间。参数的声明和变量一样，即类型名后面跟着参数名。如果方法有多个参数，那么这些参数之间必须以逗号隔开，需要注意的是，这些参数称为形式参数，简称形参。

方法体包含方法执行的语句，所有的语句都位于一对大括号之间。

下列代码在类 MyMath 中定义了一个公共的方法 Add，该方法返回两个整数的和。

```
class MyMath
{
    public int Add(int a, int b)
    {
        return a+b;//返回 a 加 b 的值
    }
}
```

如果将类中的某个成员（成员变量和成员方法)声明为 static，即在定义成员变量或方法的语句的前面加关键字 static，则该成员就称为静态成员。类中的成员要么是静态，要么是非静态。静态成员属于类，而非静态成员则属于类的实例。

2.3.2　成员方法的调用

【学一学】

当调用一个成员方法的时候，执行流程跳转到该方法，于是该方法开始执行。当执行到 return 语句或者方法的终点时，执行流程返回到调用该方法的地方。类的成员方法的调用可以分为一般成员方法的调用和静态成员方法的调用。

1. 一般成员方法的调用

调用一般成员方法的时候，要先实例化类的一个实例，然后通过以下的格式进行调用。

```
实例名.方法名（实参列表）
```

例如，下列代码是要调用 2.3.1 节中的方法 Add。

```
MyMath math = new MyMath();
math.Add(20,30);
```

需要注意的是，实参列表要跟定义该方法时的形参列表完全一致，如果该方法具有返回值，则需要相同数据类型或者与返回类型兼容（所谓兼容是指两种数据类型能自动相互转换)的数据类型的变量来接收。

在形参和实参结合使用的时候，还要注意方法中的参数类型。在 C#中，成员方法的参数类型有 3 种：值类型参数、引用类型参数、输出类型参数。本书将在第 5 章对这些内容做详细的阐述。

2. 静态成员方法的调用

调用静态成员方法与调用一般成员方法是不一样的，静态成员方法需要通过类名来调用，而不是通过类的实例名来调用。调用静态成员方法的格式如下。

```
类名.静态成员方法名
```

静态成员方法不属于某个特定对象的方法，静态成员方法能访问静态成员变量，而不能直接访问实例变量。静态成员方法有以下特点。

（1）静态成员方法是类中的一个成员方法，它属于整个类，也就是说，不用创建任何对象也可以直接调用它。

（2）类的非静态成员属于类的实例，每创建一个类的实例，都在内存中为非静态成员开辟了一块区域。而类的静态成员属于类，为这个类的所有实例所共享。无论这个类创建了多少个实例，一个静态成员在内存中只占有一块区域。

【试一试】

任务 2.3

设计一个用来计算圆周长和面积的类。其中计算圆周长的方法用静态方法，计算圆面积的方法用一般方法。

解决思路

（1）新建一个代表圆的类 Circle。

（2）在类 Circle 中添加一般成员变量 r1、静态变量 r2 和常量 PI。

（3）定义用于计算圆周长的静态方法 Circumference。

（4）定义用于计算圆面积的一般方法 Area。

（5）在主方法 Main 中为变量 r1、r2 赋值，并调用方法 Circumference、Area 来计算圆的周长和面积，将计算结果在控制台输出。

完成步骤

（1）创建一个名为 Chapter2_3 的控制台应用程序，在该项目中添加一个类文件 Circle.cs。

（2）在类 Circle 中添加两个成员变量和一个常量 PI，其中一个变量为静态成员变量。

```
public double r1;
static public double r2;
public const double PI=3.141 59;
```

（3）在类 Circle 中添加一个用来计算圆周长的静态成员方法 Circumference，具体代码如下。

```
static public double Circumference()
{
    return 2*PI*r2;
}
```

（4）在类 Circle 中添加一个用来计算圆面积的一般成员方法 Area，具体代码如下。

```
public double Area()
{
    return PI * r1 * r1;
}
```

（5）在主方法 Main 中添加如下代码，为圆的半径赋值，并调用方法来计算圆的周长和面积。

```
static void Main(string[] args)
{
    Circle circle = new Circle();                          //实例化一个类Circle的变量
    circle.r1 = 10;                                        //为对象circle的半径赋值
    Circle.r2 = 10;                                        //为类Circle的半径赋值
    Console.WriteLine("半径为{0}的圆的周长是{1}，面积是{2}。",
        circle.r1,Circle.Circumference(),circle.Area());   //调用方法计算周长和面积
}
```

（6）按“Ctrl+F5”组合键执行程序，运行结果如图 2.4 所示。

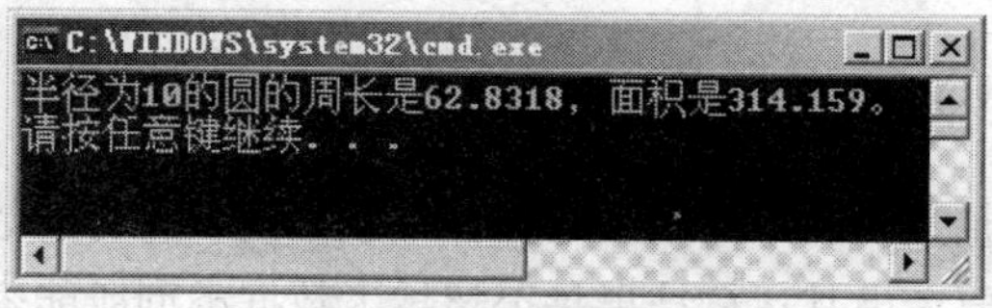

图 2.4　圆的周长和面积

2.4 运算符及表达式

C#语言与其他编程语言一样，利用运算符来指明所执行的操作，通过运算符构成表达式，表达式和语句的结合又构成程序的执行部分来满足应用需求。

所谓运算符是指在表达式中执行操作的符号。表达式类似于数学运算中的表达式，是由运算符、变量、常量等连接而成的式子。运算符是个简明符号，它指示着要在表达式中发生的操作。而常量和变量是操作执行的对象。运算符对操作数进行计算并生成表达式的值。

2.4.1 算术运算符及表达式

【学一学】

算术运算符用于创建执行数学操作的表达式。表 2.6 中列出了创建基本数学表达式的运算符，包括加、减、乘、除以及其他操作的运算符。

表 2.6　算术运算符

运　算　符	描　　述
+	加
–	减
*	乘
/	除
%	取余
++	自加
––	自减

1. 加法运算符（+）

加法运算符可以运用于整数类型、实数类型、枚举类型、字符串类型和委托类型，下列表达式都是合法的。

```
8 + 8;
"abc" + "cde";
10 + 'b';
```

2. 减法运算符（–）

减法运算符同样可以运用于整数类型、实数类型、枚举类型、字符串类型和委托类型。它的用法与加法运算符几乎完全一样。

3. 乘法运算符（*）

乘法运算符用于执行整数和实数的乘法运算。一般来说，所有的数值类型都可以参与乘法、除法运算，但在运算时需要考虑其运算结果是否超越了数据类型所能容纳的最大值。

4. 除法运算符（/）

在除法运算过程中，默认的返回值的类型与精度最高的操作数类型相同。比如，5/2 的结果为 2，而 5.0/2 的结果为 2.5。如果两个整数类型的变量相除，返回的结果是不大于除数的最大整数。

5. 求余运算符（%）

“/”运算符用来求两数相除后的商，而“%”运算符用来求两数相除后的余数。C#中的求余运算既适用于整数类型，也同样适用于浮点数类型和十进制数类型。例如，5%3 的结果为 2，而 5%1.5 的结果为 0.5。

6. 自加/自减运算符（++/--）

自加/自减运算符只使用一个操作数，将该操作数的值自增 1 或者自减 1。这两个运算符既可以用前缀形式，也可以用后缀形式。这两种形式的区别非常细微，却又非常重要。若使用前缀形式，会先将操作数的值加 1 或减 1，然后再计算表达式的结果，如下列代码所示。

```
int n=41;
int answer=++n; //计算后 answer=42, n=42;
```

而使用后缀形式的话，会先计算表达式的结果，然后再将操作数的值进行增加或减少，如下列代码所示。

```
int n=41;
int answer=n++; //计算后 answer=41, n=42;
```

算术运算符可能会使程序抛出异常，例如，以 0 为除数，就会抛出 DivideByZeroException 异常。若代码运行时发生操作溢出，就可能抛出 OverflowException 异常。关于异常将在第 12 章介绍。

2.4.2 关系运算符及表达式

【学一学】

关系运算实际上是逻辑运算的一种，可以把它理解为一种“判断”，判断的结果要么是“true”，要么是“false”，也就是说，关系表达式的返回值总是布尔值。C#定义关系运算符的优先级低于算术运算符。表 2.7 列出了 6 种 C # 关系运算符。

表 2.7 关系运算符

运 算 符	描 述
==	相等
!=	不等
>	大于
<	小于

续表

运　算　符	描　述
>=	大于或等于
<=	小于或等于

对于整数和实数类型，这 6 种关系运算符都可以适用。除此之外，is 运算符也可以被认为是一种关系运算符。

is 运算符用于动态地检查运行时对象类型是否和给定的类型兼容，如运算表达式 “e is T” 的结果就是一个布尔值。其中，e 是一个表达式，T 是一种数据类型，表达式的返回值是一个布尔值。例如，

```
Console.WriteLine(1 is int);
Console.WriteLine(1 is float);
Console.WriteLine(1.0 is float);
Console.WriteLine(1.0 is double);
```

输出结果为：

```
true
false
false
true
```

2.4.3　逻辑运算符及表达式

【学一学】

用逻辑运算符将关系表达式或布尔表达式连接起来就是逻辑表达式。逻辑表达式的值仍然是一个布尔值。表 2.8 列出了 4 种 C#的逻辑运算符。

表 2.8　逻辑运算符

运　算　符	描　　述
!	逻辑非
&&	逻辑与
||	逻辑或
^	逻辑异或

表 2.8 中，逻辑与和逻辑或都是二元操作符，要求有两个操作数。而逻辑非为一元操作符，只有一个操作数。如果表达式中同时存在着多个逻辑运算符，那么逻辑非的优先级最高，逻辑与的优先级高于逻辑或。

有时候，不需要执行所有的操作数，就可以确定逻辑表达式的结果，例如，假设 expr1 是一个布尔值或关系表达式，expr2 是一个逻辑表达式，那么对于下列表达式而言：

```
expr1 && expr2
```

只有 expr1 为 true 时，才需要继续判断 expr2 的值。如果 expr1 为 false，那么逻辑表达式的值已经确定为 false，不需要继续求 expr2 的值。

对于下列表达式而言：

```
expr1 || expr2
```

只有 expr1 为 false 时，才需要继续判断 expr2 的值。如果 expr1 为 true，那么逻辑表达式的值就已经确定为 true，不需要再求 expr2 的值。

在熟练掌握逻辑运算符和关系运算符以后，就可以使用逻辑表达式来表示各种复杂的条件了。例如，给出一个年份，要判断它是否为闰年。闰年的条件如下。

年份是 400 的倍数，或者是 4 的倍数但不是 100 的倍数。设年份为 year，判断是否为闰年可以用下列逻辑表达式来表示。

```
(year%400)==0||((year%4)==0&&(year%100)!=0)
```

如果该表达式为 true，则该年份是闰年，否则是非闰年。

2.4.4 赋值和三元运算符

【学一学】

1. 赋值运算符（=）

赋值就是给一个变量赋一个值，C#通过赋值运算符（=）来为变量赋值，C#中可以对变量进行连续赋值，这时赋值运算符是右结合性的，也就是说运算符从右向左被执行。例如，形如 a=b=c 的表达式等价于 a=(b=c)。

如果赋值运算符两边的操作数类型不一致，那么先要对操作数进行类型转换，这一点将在第 4 章进行详述。

"=" 又称为简单赋值运算符。在一个简单赋值语句中，右操作数必须为某种类型的表达式，且该类型必须可以隐式地转换成左操作数类型。该运算符将右操作数的值赋给作为左操作数的变量、属性或者索引器。简单赋值表达式的结果被赋给左操作数，其类型和左操作数的类型相同，且总是值类型。

"op=" 运算符被称为复杂赋值运算符。这里的 "op" 可以是 "+、–、*、/、%" 等运算符之一。例如，

```
x+=5;           //等价于 x=x+5
x%=3;           //等价于 x=x%3
x*=y+1;         //等价于 x=x*(y+1)
```

2. 三元运算符（?: ）

C#中有一个三元运算符 "? :"，其具体的格式如下。

```
条件表达式?表达式 1:表达式 2;
```

该操作符首先求出条件表达式的值，如果条件表达式的值为 true，则以表达式 1 的值作为整个表达式的值，如果条件表达式的值为 false，则以表达式 2 的值作为整个表达式的值。例如，在主方法 Main 中编写如下代码。

```
static void Main(string[] args)
{
    int a = 10;
    int b = 20;
    int max = a > b ? a : b;
    int min = a < b ? a : b;
```

```
    Console.WriteLine("大值是{0}", max);
    Console.WriteLine("小值是{0}", min);
}
```

运行该程序，结果如图 2.5 所示。

图 2.5　三元运算符示例的运行结果

2.5 控制语句

程序的执行过程实际上是算法实现的逻辑路径，是程序设计的核心。在面向对象的程序设计中，虽然在编程思想、方法和程序的结构方面与结构化程序设计完全不同，但在程序的局部，如方法内，程序的流程与结构化程序是类似的，主要由顺序结构、选择结构和循环结构组成。下面主要介绍在 C#语言编程中，用于实现选择结构和循环结构的控制语句。

2.5.1　分支语句

【学一学】

当程序中需要进行两个或两个以上的选择时，可以根据条件判断来选择将要执行的一组语句，这就需要用到分支语句，C#提供的分支语句有 if 条件语句和 switch 条件语句。

1. if 条件语句

条件语句根据布尔表达式的值来选择要执行的语句，这样能控制应用程序的执行方向。if 条件语句主要有 3 中表达形式：if、if… else 和 if… else if，它们的共同点是，当布尔表达式的值为 true 时，就会执行 if 语句后的代码块。

（1）if 语句。if 语句的语法如下。

```
if(布尔表达式)
{语句块}
```

例如，变量 sales 的值如果大于 10 000，那么变量 bonus 就增加 0.05×sales，通过 if 语句来表达，代码如下。

```
if( sales>10 000)
{
    bonus=bonus+0.05*sales;
}
```

（2）if…else 语句。if…else 语句的语法如下。

```
if(布尔表达式)
{语句块 1}
else
{语句块 2}
```

例如，变量 sales 的值如果大于 10 000，那么变量 bonus 就增加 0.05×sales，否则变量 bonus 的值为 0，通过 if…else 语句来表达，代码如下。

```
if( sales>10 000)
{
   bonus=bonus+0.05*sales;
}
else
{
   bonus=0;
}
```

前面学习的三元运算符（？：）可以看成是 if…else 语句的缩略形式，所以可以用三元运算符（?:）把上述代码改写成以下形式。

```
bonus=(sales>10 000)?(bonus+0.05*sales):0;
```

（3）if…else if 语句。if…else if 语句的语法如下。

```
if(布尔表达式 1)
{语句块 1}
else if(布尔表达式 2)
{语句块 2}
…
else if(布尔表达式 n)
{语句块 n}
else
{语句块 n+1}
```

例如，变量 sales 的值如果大于 10 000，那么变量 bonus 就增加 0.05×sales，如果变量 sales 的值大于 5 000，那么变量 bonus 就增加 0.01×sales，否则变量 bonus 的值为 0，通过 if…else if 语句来表达，代码如下。

```
if( sales>10 000)
{
   bonus=bonus+0.05*sales;
}
else if( sales>5000)
{
   bonus=bonus+0.01*sales;
}
else
{
   bonus=0;
}
```

需要注意的是，C#中 if 后面的表达式的值必须是布尔类型。

2. switch 条件语句

在实际编程中，常会碰到要处理多个分支的选择问题，这时如果用 if 语句来实现，就会出现多层的分支嵌套，使得程序变得冗长且不直观。针对这种情况，C#提供了 switch 语句来处理多分支的选择问题。

switch 语句的语法如下。

```
switch(表达式)
```

```
{
    case 常量表达式 1:
        {语句块 1}
        break;
    case 常量表达式 2:
        {语句块 2}
        break;
    …
    case 常量表达式 n:
        {语句块 n}
        break;
    default:
        {语句块 n+1}
        break;
}
```

switch 语句的形式以 switch 表达式开始，后跟一连串的 case 块，每个 case 块通过 case 来标记。当 switch 表达式的值与某个 case 标记后面的常量表达式相等时，程序就执行该 case 标记后的语句块。若没有一个 case 常量表达式的值与 switch 表达式的值相等，但定义了 default 分支，则执行 default 后的语句块。每个 case 语句块结束处必须使用 break 语句，否则会产生编译错误。

【试一试】

任务 2.4

将从键盘输入的百分制成绩转换成对应的等级。成绩等级评定的标准：90 分以上为优秀，80～89 分为良好，70～79 分为中等，60～69 分为及格，60 分以下为不及格。

解决思路

（1）将从键盘输入的字符串转换成一个整数 *n*。

（2）把 *n*/10 作为 switch 的表达式。

（3）将 switch 表达式的值与 case 后面的常量表达式的值进行逐一对比，根据成绩评定标准输出对应的成绩等级。

（4）如果多个 case 后面的语句块是一样的，可以省略前面 case 分支的语句块，即前面的 case 分支共用后面的 case 语句块。

完成步骤

（1）创建一个名为 Chapter2_4 的控制台应用程序。

（2）在主方法 Main 中编写如下代码，将输入的百分制成绩转换成对应的等级。

```
static void Main(string[] args)
{
    Console.Write("请输入一个百分制成绩：");
    int n =int.Parse( Console.ReadLine());
    switch(n/10)
    {
        case 10:
        case 9:
            Console.WriteLine("优秀");
            break;
        case 8:
            Console.WriteLine("良好");
```

```
            break;
        case 7:
            Console.WriteLine("中等");
            break;
        case 6:
            Console.WriteLine("及格");
            break;
        default:
            Console.WriteLine("不及格");
            break;
    }
}
```

执行程序，按提示输入成绩，转换后的结果如图 2.6 所示。

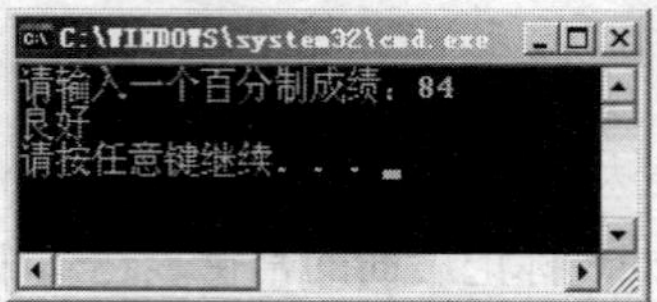

图 2.6　百分制成绩转换成对应的等级

需要注意的是，switch 后面括号中的表达式的值只能是整型、字符串型或枚举类型的表达式。

2.5.2　循环语句

【学一学】

程序中除了使用分支语句改变流程外，有时还需要使用循环语句重复执行某些语句块。循环语句就是实现一个程序模块的重复执行，它对于简化程序，更好地组织算法有着很重要的意义。C#中提供了以下 4 种循环语句，分别适用于不同的情形。

（1）while 语句。

（2）do-while 语句。

（3）for 语句。

（4）foreach 语句。

1. while 语句

while 语句有条件地将语句块执行 0 遍或多遍。语句的格式如下。

```
while(布尔表达式)
{语句块}
```

while 语句的执行顺序如下。

（1）计算布尔表达式的值。

（2）当布尔表达式的值为 true 时，执行语句块一遍，程序转至第（1）步。

（3）当布尔表达式的值为 false 时，while 循环结束。

需要注意的是，while 语句可以在语句块中通过 break 关键字来终止并跳出循环，然后继续执行循环体后面的语句；也可以用 continue 语句来停止 continue 语句后面的代码的执行，继续回到（1）进行 while 循环。

以下代码为通过 while 语句来计算一个整数 *x* 的阶乘值 *y*。

```
long y=1;
int x;
x=Int.Parse(Console.ReadLine());
while(true)
{
    y*=x;
    x--;
    if(x==0)
    {
       break;
    }
}
```

2. do-while 语句

与 while 语句不同的是，do-while 语句中的语句块至少执行一次或多次。语句的格式如下。

```
do
{语句块}
while(布尔表达式);
```

do-while 语句的执行顺序如下。

（1）执行语句块一遍。

（2）计算 while 后布尔表达式的值，若为 true 则回到（1)继续执行，若为 false 则终止 do 循环。

在 do-while 循环语句中同样允许用 break 语句终止循环，用 continue 语句跳过循环体中剩余的语句而强行执行下一次循环。

以下代码为通过 do-while 语句来计算一个整数 x 的阶乘值 y。

```
long y=1;
int x;
x=Int.Parse(Console.ReadLine());
do
{
    y*=x;
    x--;
}
while(x>0);
```

3. for 语句

for 循环语句用于将语句块重复执行已设置好的次数，该循环语句是 C#中使用频率较高的循环语句。当需要将语句块重复执行固定次数时，使用 for 循环语句是比较方便的。

for 语句的格式如下。

```
for(初始化表达式;条件表达式;迭代表达式)
{语句块}
```

for 语句的执行顺序如下。

（1）在 for 循环开始执行时，执行初始化表达式。此部分只执行一次。

（2）计算条件表达式的值，以确定是否继续执行 for 循环；若该表达式的值为 false，跳出 for 循环，并执行该循环以后的语句。

（3）若条件表达式的值为 true，则执行循环语句块。

（4）每次执行循环语句块之后都要执行一次迭代表达式。然后回到（2）继续执行。

以下代码为通过 for 语句来计算一个整数 x 的阶乘值 y。

```
long y;
int x;
x=Int.Parse(Console.ReadLine());
for(y=1;x>0;x--)
    y*=x;
```

同样，可以使用 break 和 continue 语句，来达到控制循环的目的。例如，要求输出除 7 以外的 1～10 的数字，实现该功能的代码如下。

```
for(int i=0;i<10;i++)
{
    if(i==7)
        continue;
    Console.WriteLine(i);
}
```

上述代码中，当 *i* 等于 7 时，则跳过本次循环，继续执行下次循环。

4. foreach 语句

foreach 语句是 C#中新引入的一种循环语句，它表示收集一个集合或数组中的各个元素，并针对各个元素执行循环体内的语句块。语句的格式如下。

```
foreach(变量类型 循环变量 in 集合或数组)
{循环语句块}
```

每执行一次循环语句块，循环变量就依次取集合或数组中的下一个元素代入其中。在这里，循环变量是一个只读型局部变量，如果试图改变它的值将引发编译时的错误。需要注意的是，foreach 语句中的集合必须是集合类型，如果该集合的元素类型与循环变量类型不一致，则必须有一个从集合中的元素类型到循环变量元素类型的显式转换。关于类型的转换将在第 4 章进行详述。

还需要注意的是，利用 foreach 语句遍历数组时，对于一维数组，执行顺序是从下标为 0 的元素开始，一直到数组的最后一个元素；对于多维数组，元素下标的递增是从最右边那一维开始的，依次类推。

同样，break 和 continue 可以出现在 foreach 语句中，功能不变。

【试一试】

任务 2.5

找出一个字符串中 ASCⅡ码最大的字符。

解决思路

（1）读取从键盘输入的一行字符串。

（2）将字符串的第一个字符赋值给字符变量 ch。

（3）使用循环语句从左到右依次将字符串中的各个字符与变量 *ch* 进行比较，将 ASCⅡ码较大的字符赋值给变量 ch。

（4）输出 ch 的值。

完成步骤

（1）创建一个名为 Chapter2_5 的控制台应用程序。

（2）在主方法 Main 中编写如下代码。

```
static void Main(string[] args)
{
    string str;
    char ch;
    Console.Write("请输入一行字符：");
    str = Console.ReadLine();
    ch=str[0];
    foreach(char char1 in str)
    {
        if(char1>ch)
            ch=char1;
    }
    Console.WriteLine("ASCⅡ码最大的字符是：{0}", ch);
}
```

（3）按“Ctrl+F5”组合键执行程序，在命令行窗口中输入一行字符串，程序的运行结果如图 2.7 所示。

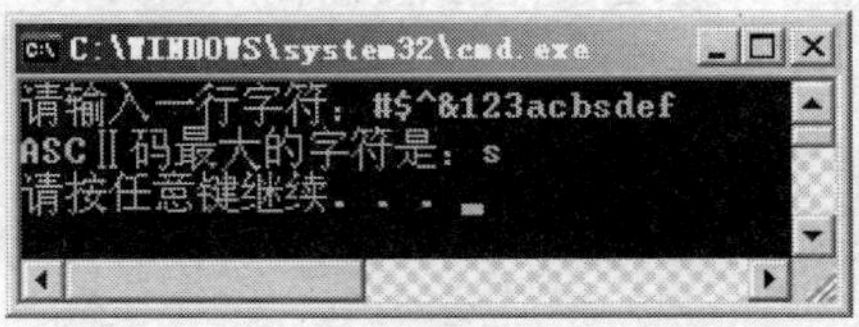

图 2.7　输出字符串中 ASCⅡ码最大的字符

请读者用其他形式的循环语句解决本任务。

本章小结

本章主要学习了 C#语言的基础知识。首先介绍了类的成员变量和常量，并且按照值类型和引用类型详细介绍了 C#中支持的各种数据类型。然后学习了类的成员方法的定义和调用，在定义成员方法时，先要确定方法的名称、参数、返回值，然后根据功能要求编写方法体。运算赋及其表达式是编程不可缺少的组成部分，表达式和各种语句的结合构成了整个应用程序的执行部分，来满足各种应用要求。其中分支语句和循环语句用来控制程序的流程，以便根据判定条件来寻找执行的路径或重复执行的语句块，以达到程序预期的设计要求。

练一练

任务 2.6

设计一个简单的猜数游戏：随机产生一个 1～100 之间的数，要求将输入的数与随机产生的数进行比较，如果输入的数比随机产生的数大，则提示“对不起，您猜大了”，如果输入的数比随机产生的数小，则提示“对不起，您猜小了”，如果输入的数和随机产生的数一样，则提示“恭喜你，猜对了！”，程序结束。

操作要求

（1）创建一个名为 Chapter2_6 的控制台应用程序。

（2）在项目的主方法 Main 中添加如下代码。

```
static void Main(string[] args)
{
    int rndNum,guessNum;
    Random rnd = new Random();//创建一个随机种子
    rndNum = rnd.Next(1, 100);//产生一个 1～100 之间的随机数
    while(true)
    {
        Console.WriteLine("请输入你要猜的数字：");
        guessNum = int.Parse(Console.ReadLine());
        if (guessNum == rndNum)
        {
            Console.WriteLine("恭喜你，猜对了！");
            break;
        }
        else if (guessNum > rndNum)
        {
            Console.WriteLine("对不起，您猜大了");
        }
        else
            Console.WriteLine("对不起，您猜小了");
    }
}
```

执行结果

执行程序，按提示进行猜数，程序的运行结果如图 2.8 所示。

任务 2.7

在命令行窗口上绘制一个如图 2.9 所示的金字塔。

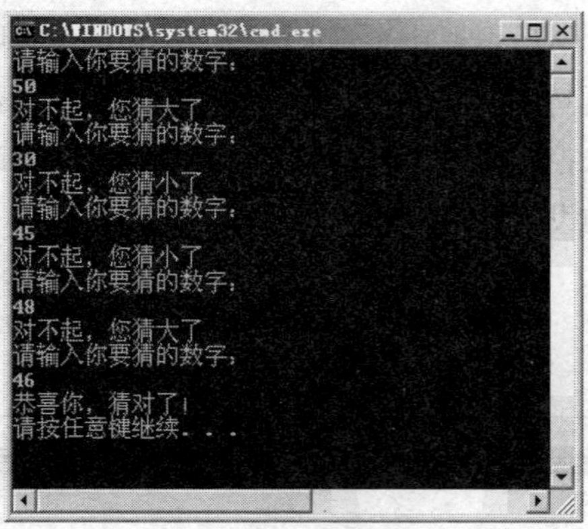

图 2.8　猜数的运行结果

```
      *
     * *
    * * *
   * * * *
  * * * * *
 * * * * * *
* * * * * * *
```

图 2.9　要绘制的金字塔

操作要求

（1）创建一个名为 Chapter2_7 的控制台应用程序。

（2）在主方法 Main 中编写如下代码。

```
static void Main(string[] args)
{
    for (int i = 0; i < 7;i++ )
    {
        Console.Write(new string(' ',7-i));   //输出每行前面的空格
        for (int j = 0; j <= i;j++ )
        {
            Console.Write("* ");              //输出每行的*号
        }
        Console.WriteLine();
    }
}
```

执行结果

运行程序，程序的执行结果如图 2.10 所示。

图 2.10　绘制的金字塔

习题 2

一、填空题

1. C#中所有的数据类型可归纳为两种，一种是________类型，另一种是________类型。

2. 在类中未说明访问权限的情况下，所有成员都是________。

3. 常量通过关键字________进行声明。

4. 在执行一个循环语句时，利用________语句可以跳出整个循环，而不是要等到循环判断条件不成立时才退出。

5. 用 C#表达式________来表达以下逻辑：变量 variable 大于 5 并且小于等于 10。

二、选择题

1. 以下 4 个变量名中，合法的变量名是（　　）。

　A. &adw　　B. Good bye　　C. _list　　D. jx@shi.com

2. C#中每个 int 类型的变量占用（　　）个字节的内存。

　A. 1　　B. 2　　C. 3　　D. 4

3. 经过表达式 a=3+1>5? 0:1 运算后，变量 a 的值是（　　）。

A. 3　　B. 1　　C. 0　　D. 4

4. 下面代码的运行结果是（　　）。

```
class Program
{
    static void Main(string[] args)
    {
        int i = 0;
        while(i<=2)
        {
          i++;
          Console.WriteLine("{0}",i);
          if(i==1)
              break;
        }
    }
}
```

A. 0　　B. 1　　C. 2　　D. 3

5. 如果仅允许本类及本类的派生类可以自由访问本类的方法，应该在该方法的前面添加（　　）访问控制关键字。

A. public　　B. protected　　C. private　　D. 不用提供任何访问控制关键字

三、综合题

1. 什么是变量，变量命名时要遵守哪些规范?

2. 循环控制语句有哪几种形式？它们各自适用的场合是什么?

3. 打印出所有的水仙花数。所谓水仙花数是指一个 3 位数，其各位数字的立方和等于该数本身，如 153 是一个水仙花数，$153=1^3+5^3+3^3$。

4. 创建一个控制台应用程序，计算 1!+2!+3!+…+n! 的值并输出，n 从键盘输入。

5. 定义一个矩形类 CRectangle，要求具有以下成员：变量 length 和 width，分别表示矩形的长和宽；方法 SetSize()，设置矩形的大小（即改变矩形的长和宽)；方法 Girth()，计算矩形的周长；方法 Area()，计算矩形的面积。

第3章 面向对象编程基础

学习目标

- 认识和理解面向对象编程的基本思想
- 根据事物的共性定义正确的类
- 正确定义类的构造函数和创建类的对象
- 理解继承、多态和封装的基本概念

3.1 面向对象编程概述

【学一学】

起初，面向对象专指在程序设计中采用封装、继承、抽象等设计方法。随着面向对象技术的不断发展和延伸，面向对象的思想已经涉及到软件开发的各个方面，如面向对象的分析（Object Oriented Analysis，OOA），面向对象的设计（Object Oriented Design，OOD）以及面向对象的编程（Object Oriented Programming，OOP）。面向对象的应用范围也日趋广泛，如数据库系统、交互式界面、应用结构、应用平台、分布式系统、网络管理结构、CAD技术、人工智能等领域均已引入面向对象的概念。

面向对象的基本观点认为，世界是由各种各样具有自己的运动规律和内部状态的对象所组成的，不同对象之间的相互作用构成了完整的现实世界。因此，人们应当按照现实世界这个本来面貌来理解世界，直接通过对象及其相互关系来反映世界。这样建立起来的系统才能符合现实世界的本来面目。

面向对象编程是一种新的程序设计范型，其基本思想是使用对象、类、继承、封装、消息等基本概念进行程序设计。它是从现实世界中客观存在的事物（即对象）出发来构造软件系统，并在系统构造中尽可能运用人类的自然思维方式，强调直接以现实世界中的事物为中心来思考问题、认识问题，并根据这些事物的本质特点，把它们抽象地表示为系统中的对象，作为系统的基本构成单位。面向对象编程是当前软件开发技术的主流。

面向对象编程具有以下优点。

（1）面向对象编程侧重于对象。对象具有特定的行为和属性，行为和属性决定了该对象与其他对象的交互作用方式，以及该对象本身的行为方式。由于对象反映了现实世界，所以使得程序更易于设计。

（2）面向对象编程能够隐藏特定的数据。面向对象编程可以只把对象的特定的行为公开给用户，从而隐藏了用户不需要或者不方便透露给用户的数据。

（3）面向对象编程允许对象是独立的。在面向对象编程中，对象能够独立存在，并且具有调用其他对象行为的功能。通过使用面向对象的编程方法，开发人员能够创建出反映现实世界对象的应用程序。

（4）面向对象编程允许代码的可重用性。面向对象编程中对象是一个模块单元，是完备的实体，因此可以具有高度的可重用性。例如，汽车生产厂家可以预先设计一种基本车型，如果客户需要增添某些功能（如电动车窗、倒车雷达、可视电话等），厂家就可以把这些功能添加到基本车型上，而不必重新设计车型。

面向对象编程基于消息或者事件驱动。在这类应用程序中，每个对象都可以向其他对象发送消息。

3.2 类

在仓库、超市等场合，人们把不同的商品按类型、用途等进行分类，以方便存取和查找。这种对众多的事物进行归纳，划分成一些类，是人类在认识客观世界时采用的思维方法。分类所依据的原则就是找出事物之间的共性，把具有共同性质的事物划分成一类。类是一个抽象的概念，如医生、建筑工人、售货员等，是具有人的共同特征的事物的集合。从某种意义上来说，类是人类对客观世界抽象的结果。

3.2.1 类的概念

【学一学】

类是具有相同属性和行为（或者称之为方法）的一组对象的集合，它为属于该类的全部对象提供了统一的抽象描述，其内部包括属性和方法两个主要部分。

在面向对象的编程语言中，类是一个独立的程序单位，它的主要作用是定义对象。类与对象的关系如同一个模具和用这个模具铸造出来的铸件之间的关系。类给出了属于该类的全部对象的抽象定义，而对象则是符合这种定义的一个实体，也可以说对象是类的一个实例。

在分析产生类的过程中发现，事物既有共性，也有个性。如果只考虑事物的共性，不考虑事物的个性，就不能反映现实世界中事物之间的层次关系，不能完整地、正确地对现实世界进行抽象描述。运用抽象的原则就是把对象的特殊性放在一边，提取其共性，从而得到适合一个对象集合的类。如果在这个类的基础上，考虑在抽象过程中暂被忽略的对象的特殊性，则可形成一个新的类，这个类具有前一个类的全部特征，是前一个类的子集。一个类的上层可以有父类，下层可以有子类，形成一种层次结构，这种层次结构的一个重要特点就是继承性。例如，车辆这个类，车辆是一种运输工具，它可以有运输工具这个父类。另一方面，车辆中又可以分为机动车和非机动车等种类，所以它可以有这两个子类。机动车又可以再根据具体情况加以划分，从而形成子类的子类。

类中有一种特殊的类叫做抽象类，它是一种不能创建实例的类，实例只能从其子类产生。例如，动物表示一个抽象的类，它包含了飞禽等子类，当要产生一个具体的对象，如鸽子时，则只能从它的子类中创建。

3.2.2　类的定义

【学一学】

类是创建对象的模板，它定义了每个对象包含的数据，并且提供了处理和访问数据的方法。在 C#中类是通过关键字 class 来定义的。其语法格式如下。

```
[修饰符] class 类名 [:基类和实现的接口列表]
{
    类的成员
}
```

修饰符可以是 abstract、sealed、public、protected、internal 和 private。这些修饰符的含义如表 3.1 所示。

表 3.1　类修饰符的含义

修　饰　符	说　明
abstract	指定类为抽象类，是其他类的基类
sealed	指定类不能被继承
internal	访问修饰符，允许同一命名空间的其他类访问
protected	只允许派生类访问
private	不允许外界访问
public	允许外界访问

下面来定义一个“教师”类，该“教师”类中包含“姓名”和“年龄”两个属性，另外在该类中还定义了“教师”类的构造方法、上课等方法。创建该应用程序的步骤如下。

（1）创建一个控制台应用程序，项目名称为 Chapter3_1，在该项目中添加一个类文件，类文件名为 Teacher.cs。

（2）在类 Teacher 中添加以下两个公共属性，即“姓名”和“年龄”。

```
public string name;    //声明一个公有的 string 类型的数据成员
public int age;        //声明一个公有的 int 类型的数据成员
```

（3）在类 Teacher 中添加一个如下列形式的构造方法。

```
public Teacher(string name, int age)
{
    this.name = name;
    this.age = age;
}
```

在上述代码中，public Teacher(string name, int age)语句声明了一个方法，该方法名与定义的类名一样，这种方法称为类的构造方法。构造方法的主要作用是对类的对象进行初始化，也就是在利用该方法创建属于类的对象时，能根据情况对创建的对象进行初始化。代码行 this.name=name 中出现了两个 name，它们的含义是不一样的，this.name 中的 name 是指在步骤（2）中定义的公有成员，this 是指创建的 Teacher 类的对象，而第 2 个 name 是构造方法中的形参 name。

（4）在类 Teacher 中添加一个老师授课的方法。

```
public string TellInfo()
{
    string message = string.Format("我叫：{0}，今年{1}岁，在一所高校任教。
        ",this.name,this.age);
    return message;
}
```

在上述代码中，定义了一个方法 public string DoCourse()，该方法返回一个 string 类型的值。该返回值由两部分组成，通过“+”进行连接。至此，代表教师的 Teacher 类就创建完毕了。

3.3 对象

对象是现实世界中一个实际存在的事物，是构成世界的一个独立单位。它可以是一个具体存在的、有形的事物，如小到一支笔，大到一辆汽车、一个工厂。对象也可以是无形的、抽象的描述，如一项计划。因此，现实世界中的任何事物都可以称为对象。不过，当在开发一个系统时，通常只是在一定的范围内考虑和认识与系统目标有关的事物，并用系统中的对象表示它们。

3.3.1 对象的定义

【学一学】

在面向对象编程中，属性和方法是构成一个对象的两个重要因素。对象只有在具有属性和方法的情况下才有意义。

属性是用来描述对象的静态特征。所谓静态特征是指对象本身所具有的状态。一旦确定了一个对象，就必须对其进行描述，使对象具有实际意义。例如，考虑人这个对象，对人的描述就应该有姓名、身份证号码、性别等特征，以便准确地定位和反映这个对象，并与其他对象相区别。一个对象的属性可以是一些重要的信息，甚至是保密的信息，如个人的身份证号码、银行帐号的密码等，当然也可以是一些无关紧要的信息。为了在反映这些信息时有所区分，对象的属性可分为公有、保护和私有 3 种类型，对这些类型的详细描述，将在后续章节中进行讨论。

方法是用来描述对象的动态特征和行为的。如果没有方法部分，对象只能停留在被属性描述的静态形式。方法是一个操作序列，使对象与外部发生联系。方法和属性一样，也可以分为公有、私有和保护 3 种类型。

例如，可以把一张桌子看作一个对象，它的属性包括颜色、高度、宽度、长度等。方法包括计算桌子的面积、桌子能提供的功能等。

对象是系统中用来描述客观事物的一个实体，它是构成系统的一个基本单元。一个对象由一组属性和方法组成。

3.3.2　对象的创建

【学一学】

通过前面的学习，用户知道类是创建对象的一种定义，利用定义好的类，就可以创建属于该类的实例，其语法格式如下。

```
类名 对象名=new 类名([参数列表]);
```

如果在定义类的类体中，添加了形如以下格式的构造函数。

```
类名(参数列表)
{
    ……
}
```

那么，就要按照构造函数的参数列表，传递实际的参数来创建对象。

如果在类体中没有添加构造函数，就直接利用隐含的构造函数，按下列形式来创建对象。

```
类名 对象名=new 类名( );
```

【试一试】

任务 3.1

在 3.2.2 小节新建的 Teacher 类的基础上，创建一个“名叫张海飞、年龄为 30 岁”的教师对象，并调用对象的 TellInfo 方法来输出该对象的一些信息。

解决思路

（1）利用带参数的构造函数创建一个 Teacher 类的对象 zhanghaifei。

（2）调用对象的方法 TellInfo 返回教师的一些个人信息。

（3）将返回的教师个人信息输出。

完成步骤

（1）创建一个名为 Chapter3_1 的控制台应用程序，单击“项目”菜单，选择“添加现有项”菜单项，将前面章节中创建好的 Teacher.cs 类文件添加到本项目中。

（2）在主方法 Main 中，添加如下代码。

```
static void Main(string[] args)
{
    Teacher zhanghaifei = new Teacher("张海飞", 30);//调用构造函数创建对象 zhanghaifei
    Console.WriteLine(zhanghaifei.TellInfo());//将方法 TellInfo 的返回信息输出
}
```

（3）执行程序，运行结果如图 3.1 所示。

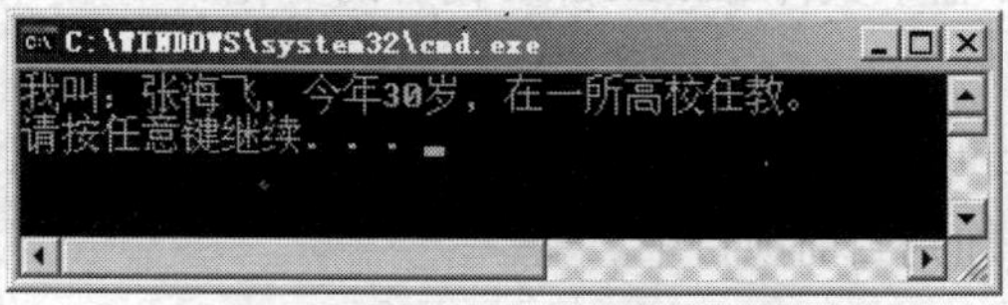

图 3.1　输出教师对象的基本信息

3.3.3 析构函数

【学一学】

一个对象在内存中的生命周期是这样的：当对象被创建时，便为它分配了一定的内存；当构造方法中的代码开始运行时，这个对象就"活"了；当这个对象或它的任何一部分在可以预计的将来已经没有任何作用时，这个对象将不会再使用，它就应当被销毁。一旦这个对象符合了销毁的条件，在一定的时间之后，这个对象的析构函数将被执行，那时这个对象将被认为是不可见的，它所占有的资源就会被垃圾回收器回收。

C#提供了一个特殊的函数成员，即析构函数，析构函数用于销毁类的实例，来释放被类的实例所占用的资源。析构函数无任何参数，也无任何返回值，其函数名与类名相同，但需要在函数名的前面加上"～"符号。其语法格式如下。

```
~类名( )
{
    //析构函数体
}
```

析构函数是自动调用的，程序员无法控制何时调用析构函数。当任何代码都不再可能使用一个实例时，该实例符合被销毁的条件。在实例符合被销毁的条件之后的任何时间都可以执行该实例的析构函数，程序退出时也会调用析构函数。析构函数只应该用来清理非托管资源，托管对象的资源由垃圾回收器自动清理。析构函数可以包含恰在对象销毁前需要执行的代码（如保存状态信息、清除连接等）。

【试一试】

任务 3.2

在前面的 Teacher 类中添加一个如下所示的析构函数，在主方法 Main 中实例化一个 Teacher 类的对象。然后执行程序，观察 c 盘下 stateLog.txt 文件的内容。

```
~Teacher()
{
    StreamWriter sw = new StreamWriter(@"c:\stateLog.txt",true);
    sw.WriteLine("这是析构函数写入的信息，"+DateTime.Now.ToString());
    sw.Close();
}
```

解决思路

（1）按上述内容在类 Teacher 中添加一个析构函数，由于类 StreamWriter 在命名空间 System.IO 中，因此还要在类文件 Teacher.cs 的开始处添加代码"using System.IO;"。

（2）在主方法 Main 中创建类 Teacher 的一个实例。

（3）运行程序，观察 C 盘下文件 stateLog.txt 内容的变化。

完成步骤

（1）创建一个名为 Chapter3_2 的控制台应用程序，然后单击"项目"→"添加现有项"菜单项，将类文件 Teacher.cs 添加到当前项目中。

（2）在类 Teacher 中添加以下析构函数。

```
~Teacher()
```

```
{
    StreamWriter sw = new StreamWriter(@"c:\stateLog.txt",true);
    //创建一个流写入器 sw，以便向文件 stateLog.txt 中写入信息
    sw.WriteLine("这是析构函数写入的信息，"+DateTime.Now.ToString());
    //将字符串和时间一并写入文件 stateLog.txt 中
    sw.Close();         //关闭写入器
}
```

上述代码中的类 StreamWriter 用于构建流写入器，可用于向文件中写入信息。

（3）在主方法 Main 中添加如下代码，来创建一个 Teacher 类的对象。

```
static void Main(string[] args)
{
    Teacher liye = new Teacher("李烨",35);
}
```

（4）运行程序，然后打开 C 盘下的文件 stateLog.txt，内容如图 3.2 所示。

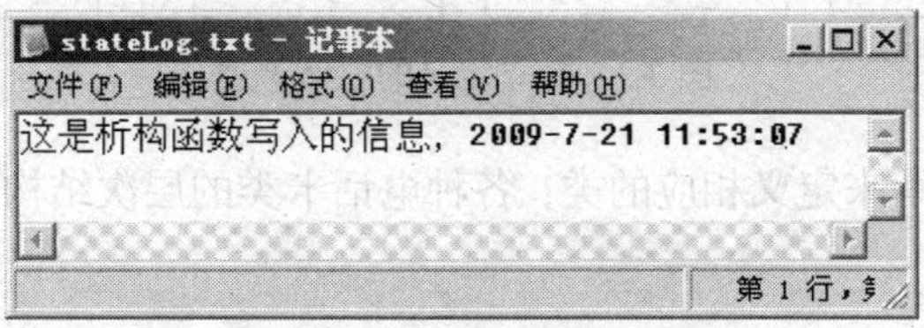

图 3.2　文件 stateLog.txt 的内容

由图 3.2 所示的文件内容可以看出，程序执行完毕后，不再需要对象 liye 时，CLR 就会调用对象的析构函数，释放其内存资源，执行析构函数所指定的清理任务，于是将相关信息写入文件 stateLog.txt 中。

3.4　继承、多态和封装

继承、多态和封装是面向对象编程的三大特征，也是面向对象编程的核心思想。可以毫不夸张地说，掌握了这三大核心思路，也就掌握了一半的面向对象编程的精髓。

3.4.1　继承

【学一学】

1. 继承的基本概念

继承是面向对象编程中的一个十分重要的概念，它可以提高软件的开发效率。继承实际上是面向对象编程中两个类之间的一种关系。当一个类 A 能够获取另一个类 B 中所有非私有的数据和操作，并作为自己的一部分或全部时，就称这两个类之间具有继承关系。被继承的类 B 称为父类或超类，继承了父类或超类的数据和操作的类 A 称为子类。

2. 继承的好处

一个父类可以同时拥有多个子类，这时这个父类实际上是所有子类的公共数据和方法成员的

集合，而每一子类则是父类的特殊化，是在父类的基础上对公共数据和方法成员在功能、内涵方面的扩展和延伸。使用继承具有以下好处。

（1）降低了代码编写中的冗余度，更好地实现了代码复用的功能，从而提高了程序编写的效率。

（2）由于降低了代码的冗余度，使得程序在维护时变得非常方便。

接下来以电话卡为例进一步说明继承的优势。要实现对各种电话卡的管理，可以通过两种方法定义相应的卡类：第 1 种方法是对每一种卡都分别独立定义一个类，如图 3.3 所示。

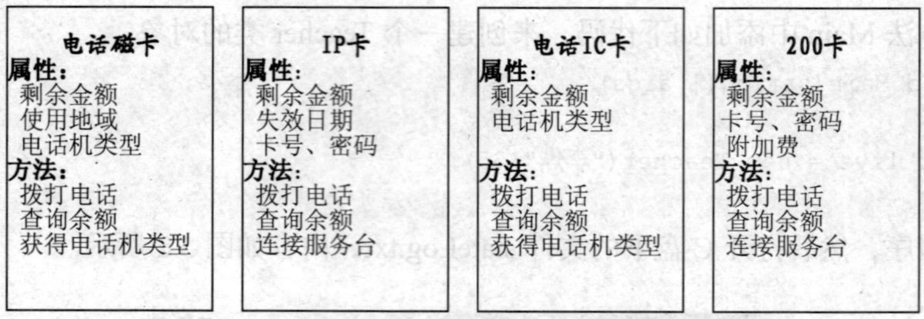

图 3.3　独立定义的电话卡类

第 2 种方法是使用继承来定义相应的类，各种电话卡类的层次结构、属性（数据成员)和方法如图 3.4 所示。

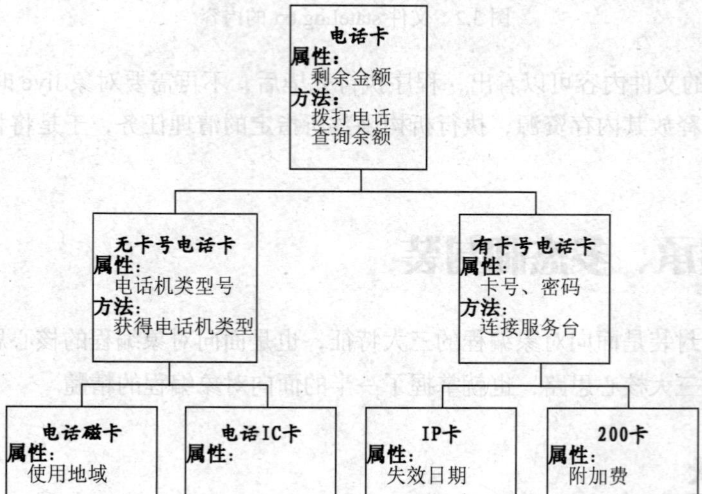

图 3.4　使用继承定义的电话卡类

从图 3.3 可以看出，第 1 种方法定义的各种类是相互独立的，所以每一个电话卡类中都定义了自己的属性或方法。这样重复定义大量的共有的成员，显得非常冗余；同时，后期的维护工作也非常繁琐。例如，程序需要修改“剩余金额”这个属性的数据类型时，将对所有具有“剩余金额”属性的类都要进行修改，工作量是非常大的，而且容易因疏漏而出现错误。而图 3.4 所示的第 2 种方法使用了继承的思想定义类，就能很好地解决第 1 种方法中出现的问题。它仅在抽象的电话卡父类中定义了“剩余金额”属性，其他类则从它那里继承。因此第 2 种方法相对于第 1 种方法来说，代码量少了若干倍。同时，当公共属性发生变化时，第 2 种方法只需要在父类中修改一次即可，不但维护的工作量大大减少，而且避免了在第 1 种方法中可能出现的修改遗漏。

总之，使用继承的主要优点是程序结构清晰，降低了编码和维护的工作量。

在 C#中，只允许单继承，不允许多继承，即一个子类只允许从一个父类派生而来。继承关系对应的语法格式如下。

```
子类:父类
```

【试一试】

任务 3.3

定义一个包含构造函数和一般方法的父类，从该父类派生出一个子类。然后创建子类的一个对象，调用从父类继承的一般方法，观察和分析结果。

解决思路

（1）向项目中添加一个作为父类的类文件，该类包含一个构造函数和一个普通方法。

（2）向项目中添加一个作为子类的类文件，该子类继承自父类。

（3）在主方法 Main 中创建一个子类的对象，然后调用从父类继承的一般方法。

（4）执行程序，观察并分析运行的结果。

完成步骤

（1）创建一个名为 Chapter3_3 的控制台应用程序，向项目中添加一个类文件 ParentClass.cs，该类添加构造函数和一般方法后的内容如下。

```
class ParentClass
{
    public ParentClass()
    {
        Console.WriteLine("这是父类构造函数的输出！");
    }

    public void Print()
    {
        Console.WriteLine("这是父类的打印输出！");
    }
}
```

（2）向当前项目中再添加一个类文件 ChildClass.cs，类 ChildClass 继承自类 ParentClass。类 ChildClass 的内容如下。

```
class ChildClass:ParentClass
{
    public ChildClass()
    {
        Console.WriteLine("这是子类构造函数的输出！");
    }
}
```

（3）在主方法 Main 中编写如下代码，创建类 ChildClass 的一个对象，并调用方法 Print。

```
static void Main(string[] args)
{
    ChildClass cc = new ChildClass();
    cc.Print();
    Console.Read();
}
```

（4）执行程序，运行结果如图 3.5 所示。

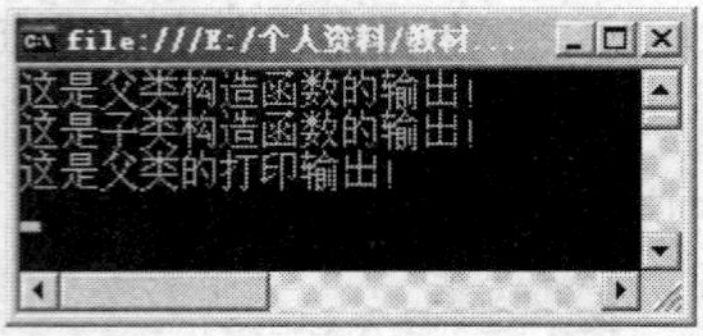

图 3.5　程序的运行结果

从图 3.5 所示的运行结果不难看出以下几点。

（1）父类构造函数的输出和子类构造函数的输出依次在窗口中出现，说明父类在子类初始化之前自动进行了初始化。

（2）Print 方法中的输出语句在窗口上也出现，而在类 ChildClass 中并没有定义该类的 Print 方法，这是因为类 ChildClass 从它的父类 ParentClass 中继承了 Print 方法。

需要注意的是，在 C#中的继承还符合下列规则。

（1）继承是可传递的。如果 C 从 B 中派生，B 又从 A 中派生，那么 C 不仅继承了 B 中声明的成员，同样也继承了 A 中的成员。

（2）派生类（子类）应当是对基类（父类）的扩展。在派生类中可以添加新的成员，但不能删除已经继承的成员的定义。

（3）基类中的构造方法和析构方法不能被继承。除此以外的成员，只要访问方式许可，都能被继承；基类中成员的访问方式只能决定派生类能否访问它们。

（4）派生类如果定义了与继承而来的成员同名的新成员，则可以覆盖已继承的成员。但这并不是派生类删除了这些成员，只是不能再访问这些成员。

C#语言出于安全、简化设计等考虑，仅支持单继承。C#中是通过接口来实现多重继承的，关于接口的知识将在第 6 章详细介绍。

3.4.2　多态

【学一学】

面向对象程序设计中的另外一个重要概念是多态性。多态性一词最早用于生物学，指同一种族的生物体具有相同的特性。利用面向过程的语言编程，主要工作是编写一个个过程或函数。这些过程和函数各自对应一定的功能，它们之间是不能重名的，否则在调用时，就会由于同名而产生歧义和错误。而在面向对象的程序设计中，有时却需要利用这样的重名现象来提高程序的抽象度和简洁性。观察图 3.4 可知，拨打电话是所有电话卡都具有的操作，但是使用不同的电话卡拨打电话的具体实现是不同的。如果不允许这些最终功能相同的操作用同样的名字来命名，就势必要分别定义磁卡拨打电话、200 卡拨打电话等多个方法。这样一来，继承的优势就荡然无存了。在面向对象的编程中，为了解决这个问题，引入了多态的概念。

多态是面向对象程序设计的又一个特殊特性。所谓多态，是指同一操作作用于不同的对象，可以有不同的解释，产生不同的执行结果，这就是多态性。在类的数据成员中，只有方法或构造方法能够出现多态的情况。程序中多态的情况有多种，可以通过子类对父类成员的覆盖实现多态，也可以利用重载在同一个类中定义多个同名的不同方法实现多态。

可以通过下列方式来实现类的多态性。

（1）通过接口来实现类的多态性。

（2）通过继承来实现类的多态性。

（3）通过抽象类来实现类的多态性。

在后续的章节中，将对多态不同的实现形式进行介绍。

3.4.3　封装

【学一学】

1. 封装的定义

封装就是把对象的属性和方法组装成一个独立的单元，并尽可能隐蔽对象的内部细节。封装是面向对象编程中的一个重要原则。具体地讲，它有两个含义，一是把对象的全部属性和方法结合在一起，形成一个不可分割的独立单元；二是尽可能隐蔽对象的内部细节，对外形成一个边界，或者说是一道屏障，与外部发生联系只能通过对外接口实现，即外部不能直接存取对象的属性，只能通过那些允许被外部使用的方法与对象发生联系。

现实生活中这样的例子很多，比如常使用的手机，选购手机往往只注重手机的品牌、价格和接听、收发短信及玩游戏的功能，没有必要知道手机的内部是什么、是如何实现这些功能的。面向对象编程中的封装，就是基于这种现实。

2. 封装的意义

封装的意义在于保护或者防止代码（数据）被无意中破坏，从而保护它不被外界意外地修改。封装提供了一个有效的途径来保护数据不被意外的破坏。相比而言，将数据进行封装比将数据定义为私有的（private），从某种程度上来说会更好。

第 7 章将对封装进行详细的介绍。

本章小结

本章介绍了面向对象编程的一些基本知识。首先介绍了类的定义以及在 C#中类的描述；然后介绍了对象的定义以及如何在 C#中创建对象和利用析构函数释放对象占据的资源；最后重点介绍了面向对象编程的 3 大基本特征：继承、多态和封装。正确理解和掌握面向对象的 3 大基本特征，为学习和熟练利用 C#语言奠定一个坚实的基础，也为后续章节的学习做好理论方面的储备。本章是对面向对象编程基础知识的一个总体概括，关于面向对象编程在 C#中的具体应用，将在后续章节中进行逐一介绍。

练一练

任务 3.4

通过一个 Point 类来描述二维空间的点，点的坐标用 P(x，y)表示。创建一个点对象，并输出该点的横坐标和纵坐标。

操作要求

（1）在项目 Chapter3_4 中添加一个类文件，类文件名为 Point.cs。

（2）在类 Point 中添加两个整型的成员变量。

```
public int x;//横坐标
public int y;//纵坐标
```

（3）在类 Point 中添加如下的构造方法。

```
public Point(int x,int y)
{
    this.x = x;
    this.y = y;
}
```

（4）在类 Point 中添加如下的方法，来输出点的坐标值。

```
public void Position()
{
    Console.WriteLine("该点的横坐标为：{0}，纵坐标为：{1}",x,y);
}
```

（5）在文件 Program.cs 的 Main 方法中创建类 Point 的一个对象，并输出该点的坐标值。

```
static void Main(string[] args)
{
    Point p1 = new Point(10, 20);
    p1.Position();
}
```

执行结果

执行程序，运行的结果如图 3.6 所示。

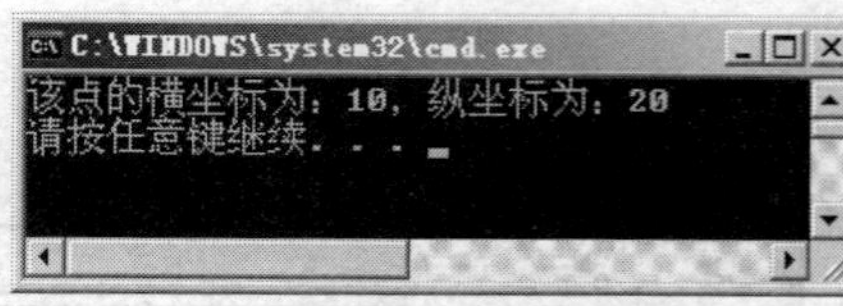

图 3.6　输出点的坐标值

任务 3.5

继承任务 3.4 中 Point 类，创建一个表示三维空间的点的类 Point3D，点的坐标用 P(x,y,z)表示。创建一个点对象，并输出该点的三维坐标值。

操作要求

（1）把项目 Chapter3_4 中的类文件 Point.cs 添加到当前项目 Chapter3_5 中。

（2）向当前项目中添加一个名为 Point3D.cs 的类文件。

（3）要求类 Point3D 继承自类 Point。

（4）在类 Point3D 中添加一个整型的成员变量 z。

```
int z;
```

（5）在类 Point3D 中添加如下的构造方法。

```
public Point3D(int x,int y,int z):base(x,y)
{
    this.x = x;
    this.y = y;
    this.z = z;
}
```

上述代码中，base 指基类的构造函数。如果基类定义了构造函数，且构造函数没有参数，那么它可以隐式地被派生类继承。如果基类定义了带参数的构造函数，则此构造函数必须被继承且在派生类中实现，以保证基类在初始化时能获得必须的数据。

（6）在类 Point3D 中添加如下的方法，覆盖父类 Point 中同名的方法 Position。

```
new public void Position()
{
    Console.WriteLine("该点的三维坐标是({0}, {1}, {2})", x, y, z);
}
```

（7）在主方法 Main 中添加如下代码，来输出点的三维坐标值。

```
static void Main(string[] args)
{
    Point3D p1 = new Point3D(10,20,30);
    p1.Position();
}
```

执行结果

执行程序，运行的结果如图 3.7 所示。

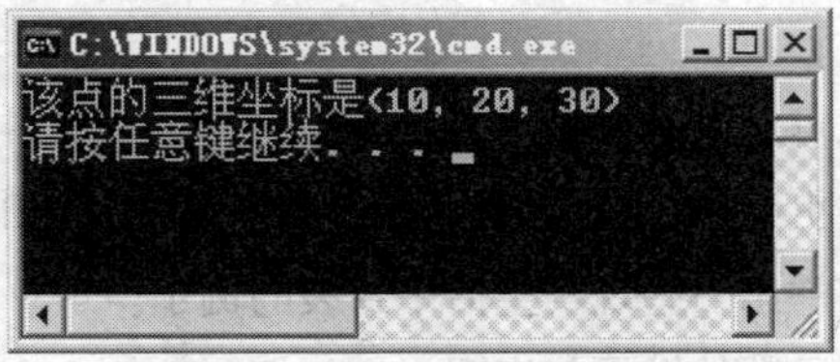

图 3.7　输出点的三维坐标值

习题 3

一、填空题

1. 类的内部包括________和________两个主要部分。

2. 用________运算符和________函数来创建一个对象。

3. 定义一个析构函数的语法格式是________。析构函数的主要作用是________。

4. 面向对象编程的 3 大特征是________、________和________。

5. 当基类定义了带参数的构造函数时，在子类中必须________，以保证基类初始化时能获得必须的数据。

二、选择题

1. 在类的定义中，类的（　　）描述了该类的对象的行为特征。

　A. 类名　　B. 方法　　C. 所属的命名空间　　D. 私有域

2. TestClass 为一个自定义类，其中有以下成员定义。

```
public int x;
```

使用以下语句创建了该类的一个对象 obj。

```
TestClass obj = new TestClass();
```

那么，可通过（　　）方式访问对象 obj 的成员 x。

　A. obj.x;　　B. MyClass.x;　　C. obj :: x;　　D. MyClass:x;

3. 面向对象技术具有的特性不包含（　　）。

　　A. 封装　　B. 继承　　C. 多态　　D. 关联

4. 下列关于继承的说法中，（　　）选项是正确的。

　　A. 派生类必须通过 base 关键字调用基类的构造函数

　　B. 派生类可以继承多个基类的方法

　　C. 继承最主要的优点是提高代码性能

　　D. 继承是指派生类可以获取其基类特征的能力

5. 下列关于封装的说法中，（　　）说法是错误的。

　　A. 封装是尽可能隐蔽对象的内部细节

　　B. 封装是保护对象内部数据的一种很好的方法

　　C. 封装可以避免不经意对对象内部数据的破坏

　　D. 将类的所有成员都定义为私有的，就能很好地起到封装的作用

三、综合题

1. 面向对象编程有哪些优点？
2. 派生类应该比它的基类更特殊还是更通用？在 C#中如何派生出一个子类？
3. 封装的作用有哪些？列举出一些现实生活中封装的例子。
4. 简述基类带参数的构造函数的继承与实现。
5. 面向对象中的多态是什么含义？C#中有哪些方式实现类的多态性？

第4章 类型转换和命名空间

学习目标

- 正确完成隐式和显式转换
- 理解和掌握装箱和拆箱操作
- 合理利用命名空间来组织应用程序的结构
- 声明和引用命名空间，利用别名来简化编程

4.1 类型转换

在编程过程中，不可避免地要进行各种混合运算，如整型和浮点型的混合运算，或将一种数据类型转换成另一种类型，或将整数转换成字符串等。在转换过程中，由于不同数据类型所占据的存储空间是不一样的，所以转换过程中数据的精度是会受到影响的，因此有必要了解数据类型的转换。C#中数据类型的转换可以分为两种形式：隐式转换和显式转换。

4.1.1 隐式转换

【学一学】

隐式转换是指系统默认的、不需要声明就可以进行的转换。在隐式转换过程中，编译器无须对转换进行详细检查就能够安全地执行转换。比如从 int 类型转换到 long 类型就是一种隐式转换。隐式转换一般不会失败，转换过程中也不会导致信息丢失。例如：

```
int x=123 456;      //int 类型为 4 个字节的整数
long y=x;           //隐式转换为 long 类型
```

隐式转换可以分为数值类型隐式转换、枚举类型隐式转换和引用类型隐式转换，下面介绍前两种，而引用类型隐式转换将在单独的章节介绍。

1. 数值类型隐式转换

表 4.1 列出了 C#支持的数值类型隐式转换。

表 4.1　　C # 中的数值类型隐式转换

转换前的类型	转换后的类型
sbyte	short，int，long，float，double，decimal
byte	short，ushort，int，uint，long，ulong，float，double，decimal
short	int，long，float，double，decimal
ushort	int，uint，long，ulong，float，double，decimal
int	long，float，double，decimal
uint	long，ulong，float，double，decimal
long,ulong	float，double，decimal
float	double
char	ushort，int，uint，long，ulong，float，double，decimal

从表 4.1 可以看出，数值类型隐式转换实际上就是从低精度的数值类型到高精度的数值类型的转换。换句话说，就是从“小类型”到“大类型”或者是从无符号整数到有符号整数的转换。以下代码说明了这种形式的转换。

```
byte x=16;
Console.WriteLine("x={0}",x);
ushort y=x;
Console.WriteLine("y={0}",y);
y=65 535;
Console.WriteLine("y={0}",y);
float z=y;
Console.WriteLine("z={0}",z);
```

上述代码的运行结果如下。

```
x=16;
y=16;
y=65 535;
z=65 535;
```

2. 枚举类型隐式转换

枚举类型隐式转换允许把十进制整数 0 转换成任何枚举类型，而其他的整数则不允许这种隐式转换。例如，WeekDay 是一个定义的代表星期的枚举类型，下列代码就说明了枚举类型的隐式转换。

```
Weekday day;
day=0;
Console.WriteLine(day);
```

上述代码能正确编译并运行，如果将代码中的第 2 行更改为：

```
day=1;
```

则编译会出错，因为非十进制整数 0 不存在枚举类型隐式转换。

4.1.2　显式转换

【学一学】

显式类型转换又叫强制类型转换。与隐式转换正好相反，显式转换需要用户明确地指定转换的类型。显式类型转换的语法格式如下。

```
类型 变量 1=(转换后的类型)变量 2;
```

通过上述格式，编译器可以将右侧的值转换为括号中指定的数据类型，例如：

```
int x=500;
short z=(short)x;  //显式转换为 short，z 值为 500
```

显式转换可以分为数值类型显式转换、枚举类型显式转换和引用类型显式转换，下面只介绍前两种。

1. 数值类型显式转换

数值类型显式转换是指当不存在相应的隐式转换时，将一种数值类型转换成另一种数值类型。表 4.2 列出了 C#支持的数值类型显式转换。

表 4.2　　C#中的数值类型显式转换

转换前的类型	转换后的类型
sbyte	byte，ushort，uint，ulong，char
byte	sbyte，char
short	sbyte，byte，ushort，uint，ulong，char
ushort	sbyte，byte，short，char
int	sbyte，byte，short，ushort，uint，ulong，char
uint	sbyte，byte，short，ushort，int，char
long	sbyte，byte，short，ushort，int，uint，ulong，char
ulong	sbyte，byte，short，ushort，int，uint，long，char
char	sbyte，byte，short
float	sbyte，byte，short，ushort，int，uint，long，ulong，char，decimal
double	sbyte，byte，short，ushort，int，uint，long，ulong，char，float，decimal
decimal	sbyte，byte，short，ushort，int，uint，long，ulong，char，float，double

需要注意的是，数值类型显式转换可能会导致数据丢失。例如，在下列代码中，将一个 decimal 类型数据显式转换为一个 int 类型数据，就会丢失部分数据。

```
decimal d=1234.56M;
int  x=(int)d;
```

代码段运行后，*x* 的值为 1234。

2. 枚举类型显式转换

枚举类型显式转换实际上是枚举类型的元素与相应类型之间的隐式或显式转换。比如，有一个元素类型为 int 的枚举类型 E，则当执行从 E 到 byte 的枚举类型显式转换时，实际上是执行从

int 到 byte 的数值类型显式转换；当执行从 byte 到 E 的枚举类型显式转换时，实际上是执行从 byte 到 int 的数值类型隐式转换。

下列代码是对整数 3 进行枚举类型显式转换，其中 WeekDay 是一个定义好的代表星期的枚举类型。

```
Weekday day;
day=(Weekday)3;
Console.WriteLine(day);
```

程序编译没有错误，运行结果如下。

```
3
```

4.1.3 引用类型转换

【学一学】

引用类型转换包括类之间、类与接口之间、接口之间、委托之间、数组之间的类型转换。由于引用类型的变量只保存对目标对象的引用，因此任何引用转换都不会修改对象的内容，也就不会有信息丢失。

引用类型转换分为隐式转换和显式转换两种。

1. 引用类型隐式转换

引用类型隐式转换包括以下几种。

（1）从任何引用类型到对象类型的转换。

（2）从类类型 S 到类类型 T 的转换，其中 S 是 T 的派生类。

（3）从类类型 S 到接口类型 T 的转换，其中类 S 实现了接口 T。

（4）从接口类型 S 到接口类型 T 的转换，其中 T 是 S 的父接口。

（5）从元素类型为 Ts 的数组类型 S 向元素类型为 Tt 的数组类型 T 的转换。

例如，假设类 ChildClass 是类 ParentClass 的派生类，下列代码就实现了父类和派生类对象之间的隐式类型转换。

```
ParentClass [] class1_arr=new ParentClass [10];
ChildClass [] class2_arr=new ChildClass [10];
class1_arr=class2_arr;
```

2. 引用类型显式转换

引用类型显式转换包括以下几种。

（1）从对象到任何引用类型的转换。

（2）从类类型 S 到类类型 T 的转换，其中 S 是 T 的基类。

（3）从基类型 S 到接口类型 T 的转换，其中 S 不是密封类，而且没有实现 T。

（4）从接口类型 S 到类类型 T 的转换，其中 T 不是密封类，而且没有实现 S。

（5）从接口类型 S 到接口类型 T 的转换，其中 S 不是 T 的子接口。

（6）从元素类型为 Ts 的数组类型 S 到元素类型为 Tt 的数组类型 T 的转换。

引用类型不论隐式转换还是显式转换，虽然可能会改变引用值的类型，却不会改变值本身。

4.1.4　装箱和拆箱

【学一学】

通过前面的学习，用户知道了数值类型之间、引用类型之间是如何进行类型转换的。如果想在值类型和引用类型之间进行转换，那么在 C#中能不能完成此功能呢？答案是肯定的，这就涉及装箱和拆箱操作。

装箱和拆箱机制使得在 C#类型系统中，任何值类型、引用类型之间都可以进行转换。

1. 装箱

装箱是指将一个值类型隐式地转换成一个对象类型，或者把这个值类型转换成一个被该值类型应用的接口类型。

把一个值类型的值装箱，也就是创建一个 object 实例并将这个值复制给这个 object，例如，

```
int i=10;
object obj=i;
```

也可以用显式的方法进行装箱操作，上述代码可以改写为：

```
int i=10;
object obj=object(i);
```

【试一试】

任务 4.1

将一个整型变量进行装箱操作，操作完毕后改变整型变量的值，然后输出整型变量和对象变量的值；再改变对象变量的值，然后输出整型变量和对象变量的值，比较两次输出的值的变化。

解决思路

（1）定义一个整数变量并赋值。

（2）将整型变量的值赋给一个对象类型的变量。

（3）改变整型变量的值，并输出两变量的值。

（4）改变对象变量的值，并输出两变量的值。

完成步骤

（1）创建一个名为 Chapter4_1 的控制台应用程序。

（2）在 Program.cs 文件的主方法 Main 中编写如下代码。

```
static void Main(string[] args)
{
    int i=50;
    object obj=i;                                          //装箱操作
    i=100;                                                 //改变 i 的值
    Console.WriteLine("i={0}, obj={1}", i, obj); //输出两变量的值
    obj = 200;                                             //改变 obj 的值
    Console.WriteLine("i={0}, obj={1}", i, obj);
}
```

（3）编译和执行程序。按“Ctrl+F5”组合键执行程序，运行结果如图 4.1 所示。

从图 4.1 可以看出，当改变 *i* 的值时，obj 的值并没有变化；反之 obj 的值改变时，*i* 的值也没

有受到影响。所以通过装箱操作，可以把一个值类型的变量的值复制给一个对象类型的实例，而被装箱的值类型变量自身的值不会受到装箱的影响。

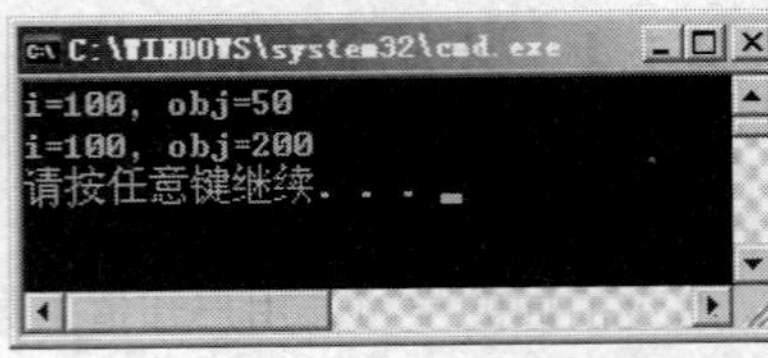

图 4.1　两次输出的变量的值

2. 拆箱

拆箱和装箱正好相反，拆箱是指将一个对象类型显式地转换成一个值类型，或是将一个接口类型显式地转换成一个执行该接口的值类型。例如，

```
int i=20;
object obj=i;      //装箱操作
int j=(int)obj;    //拆箱操作
```

需要注意的是，被装箱过的对象才能被拆箱。

可以看出拆箱过程正好是装箱过程的逆过程。必须注意，装箱转换和拆箱转换必须遵循类型兼容的原则。

4.2 命名空间

现实生活中，有时会出现同名的多个人出现在同一场合，这时为了避免误会和方便称呼，往往会在他们的名字前添加其他的限制条件，如性别、单位名称、地名等。也就是说，同一个人在不同的环境或场合下对他的称呼是不同的。这些环境或场合就是一个个的命名空间。

4.2.1 命名空间的声明

【学一学】

C#中使用命名空间来管理和组织各种类，它是一个逻辑上的类型组织结构，利用它来对程序中的类进行逻辑上的分组，并使定义在同一命名空间中的类能相互访问。显然，在 C#中可以使用命名空间来解决类的命名冲突的问题，C#中命名空间是通过关键字 namespace 来声明的，其语法格式如下。

```
namespace 命名空间名
{
    ……//命名空间的成员(可以是其他命名空间或定义的类)
}
```

例如，在一个项目中有一个类文件 MyNamesapce.cs，内容如下。

```
namespace chapter4
{
    class Student
    {
        //添加 Student 类的成员变量和成员方法
    }
    class  Teacher
    {
        //添加 Teacher 类的成员变量和成员方法
    }
}
```

上述代码通过关键字 namespace 声明了一个命名空间 chapter4。注意：命名空间名要符合变量名的命名规则。在该命名空间中包含 Student 和 Teacher 两个类。

现在向项目中再添加一个名为 YourNamespace.cs 的类文件，该文件的内容如下。

```
namespace chapter4
{
    class Person
    {
        Student lisi;
        Teacher zhangsan;
    }
}
```

上述类 Person 用到了文件 MyNamespace.cs 中的类 Student 和 Teacher，编译程序不会产生任何问题，因为这 3 个类在同一命名空间 chapter4 中。

命名空间和类一样，允许采用嵌套的结构，一个命名空间可以包含其他命名空间，形成层次式结构，以便更容易分组和管理。例如，以下代码。

```
namespace A
{
    namespace A1
    {
        public class PrintName
        {
            public void printName()
            {
                Console.WriteLine("My name is A1");
            }
        }
    }
    namespace A2
    {
        public class PrintName
        {
            public void printName()
            {
                Console.WriteLine("My name is A2");
            }
        }
    }
}
```

上述代码中，命名空间 A 下有 A1 和 A2 两个命名空间，要找到它们的类和访问它们的函数时，就必须在初始化实例的时候给出全路径名，也就是要用点(.)运算符来构成命名空间的完全限定名。例如：

```
A.A1.PrintName a = new A.A1.PrintName();
```

这样就形成了层次式的结构，以便区分类和容易对类进行分组和管理。

综上所述，使用命名空间具有以下优点。

（1）代码可以分布在多个文件中，方便对程序进行分组和管理。

（2）命名空间具有扩展性，在命名空间中增加新类，不影响已存在于此命名空间的其他类，使得设计灵活性更高。

（3）可以清晰地显示出层次式的类的组织结构。

4.2.2 命名空间的引用和别名

【学一学】

1. 命名空间的引用

由于命名空间是程序的一种组织形式，程序的类封装在某个命名空间中，将程序编译成动态链接库，就可以在其他程序中非常方便地调用命名空间中的类了。引用命名空间，实际上就是为要使用的类指定所在的位置。在C#中，通过using语句来引用某个命名空间。其一般的语句格式如下。

```
using 命名空间名;
```

例如，在程序中经常使用的Console类就位于命名空间System中，因此在类文件的开始处就要通过下列语句来引用该命名空间，以便能在程序中使用类Console。

```
using System;
```

当命名空间嵌套时，要引用其中某个命名空间，该命名空间就应是一个由点(.)构成的完全限定名。如下列示例所示。

```
using System;
namespace chapter4
{
    class Program
    {
        static void Main(string[] args)
        {
            ParentNameSpace.ChildNameSpaces.Class1 test =
                new ParentNameSpace.ChildNameSpaces. Class1 ();
            test.Print ();
        }
    }
}
namespace ParentNameSpace
{
    namespace ChildNameSpaces
    {
        public class Class1
        {
            public void Print ()
            {
                Console.WriteLine("Hai, my name is gaoshan! ");
            }
        }
    }
}
```

上述代码中，是通过语句ParentNameSpace.ChildNameSpaces.Class1来访问类Class1的。如果在程序中要多处访问命名空间ParentNameSpace.ChildNameSpaces中的内容，这种直接使用完全限定名的方式无疑使代码显得冗长。此时，可以使用关键字using引入某个命名空间，其格式如下。

```
using 命名空间完全限定名;
```

因此，上述的示例代码就可以改写为以下形式。

```
using System;
```

```
using ParentNameSpace.ChildNameSpaces;
namespace chapter4
{
    class Program
    {
        static void Main(string[] args)
        {
            Class1 test = new Class1();
            test.Print();
        }
    }
}
namespace ParentNameSpace
{
    namespace ChildNameSpaces
    {
        public class Class1
        {
            public void Print()
            {
                Console.WriteLine("Hai, my name is gaoshan! ");
            }
        }
    }
}
```

由此可见，由于在程序中引用了命名空间 ParentNameSpace.ChildNameSpaces，因此在主方法 Main 中就可以直接访问类 Class1 了，这样便大大简化了程序代码，提高了编程的效率。

2. 命名空间的别名

在 C#中，除了使用“using 命名空间完全限定名;”这种语句来引用某个命名空间外，还支持使用别名来引用某个命名空间或类。所谓别名，就是为某个命名空间或类的完全限定名取一个简单、易记的名字。使用别名的语句如下。

```
using 别名=命名空间或类的完全限定名;
```

例如，在上述的示例程序中利用别名，该程序就可以改写为以下内容。

```
using System;
namespace chapter4
{
    using A=ParentNameSpace.ChildNameSpaces.Class1;
    class Program
    {
        static void Main(string[] args)
        {
            A test = new A();
            test.Print();
        }
    }
}
namespace ParentNameSpace
{
    namespace ChildNameSpaces
    {
```

```
        public class Class1
        {
            public void Print()
            {
                Console.WriteLine("Hai, my name is gaoshan! ");
            }
        }
    }
}
```

上述代码中，使用别名 A 作为命名空间 ParentNameSpace.ChildNameSpaces 中类 Class1 的别名，这样使用别名 A 与直接使用完全限定名访问的效果是一样的。

需要注意的是，别名只能定义在命名空间（namespace 语句）中，不能定义在类体或其他位置。另外，别名只在定义它的编译单元或命名空间定义体内有效。

本章小结

本章主要介绍了数据类型转换和命名空间的引用及别名。其中类型转换是编程过程中经常要遇到的问题。这些转换内容主要包括隐式类型转换、显式类型转换、引用类型转换以及装箱和拆箱操作。命名空间是 C#中一个重要的概念，它是程序的一个逻辑上的组织结构。正确声明、引用以及为命名空间取别名是组织程序结构、调用其他类的编程基础，读者必须在编程实践中熟练掌握这些知识。

练一练

任务 4.2

设计一个控制台应用程序，将输入的摄氏温度转换为华氏温度并输出（提示：华氏温度=摄氏温度×9/5+32）。

操作要求

（1）在控制台应用程序 Chapter4_2 中添加一个名为 Temperature.cs 的类文件。

（2）在 Temperature 类中添加一个如下的成员方法。

```
public float SwitchTemp()
{
    Console.Write("请输入一个摄氏温度值：");
    decimal temp=decimal.Parse(Console.ReadLine());   //类型转换
    return (float) (9 * temp / 5 + 32);               //类型转换
}
```

（3）在主方法 Main 中创建一个类 Temperature 的对象，然后输出该对象调用方法 Switch

Temp 的返回值。

（4）编译和执行程序。

执行结果

执行程序，按提示输入摄氏温度值，输出的华氏温度如图 4.2 所示。

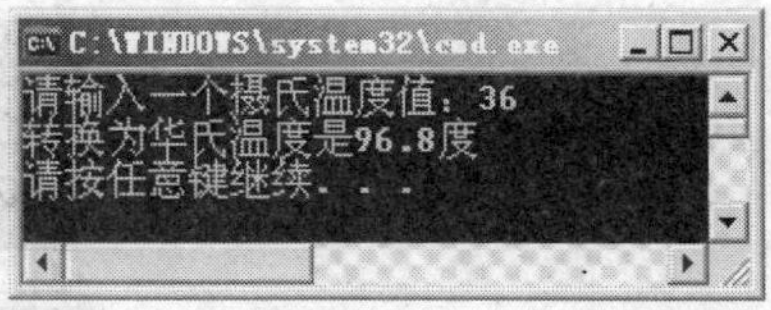

图 4.2　将摄氏温度转换成华氏温度

任务 4.3

在类 Counter.cs 中定义两个命名空间 UpCount 和 DownCount，其中命名空间 UpCount 嵌套命名空间 DownCount。命名空间 UpCount 中定义了一个类 Counter，该类用于顺数计数，即 0、1、2 到指定的 *n*；命名空间 DownCount 中也定义了一个同名的类 Counter，该类用于倒数计数，即从指定的 *n*、*n*−1、*n*−2 到 0。分别用这两个类实现顺数计数和倒数计数。

操作要求

（1）在项目 Chapter4_3 中添加一个名为 Counter.cs 的类文件。

（2）文件类 Counter.cs 中有两个命名空间，其中命名空间 UpCount 嵌套命名空间 DownCount。在命名空间 UpCount 下直接包含类 Counter，该类有以下成员变量和构造函数。

```
int i=0,n;
public Counter(int n)
{
    this.n = n;
}
```

另外，该类定义了一个成员方法 Count，用来顺数计数。该方法的原型如下。

```
public void  Count()
```

（3）在命名空间 DownCount 下包含一个同名的类 Counter，该类有以下成员变量和构造函数。

```
int n;
public Counter(int n)
{
    this.n = n;
}
```

另外，该类定义了一个成员方法 Count，用来倒数计数。该方法的原型如下。

```
public void  Count()
```

（4）在类 Program 中引用命名空间 UpCount，并为完全限定名 UpCount.DownCount.Counter 取一个别名 C。

（5）在主方法 Main 中创建类 Counter 和 C 的实例，并调用各自的方法 Count 来完成顺数和倒数计数。主方法 Main 的代码如下。

```
static void Main(string[] args)
{
    Counter counter1 = new Counter(10);
    C counter2 = new C(10);
    counter1.Count();
    counter2.Count();
}
```

执行结果

执行程序，运行结果如图 4.3 所示。

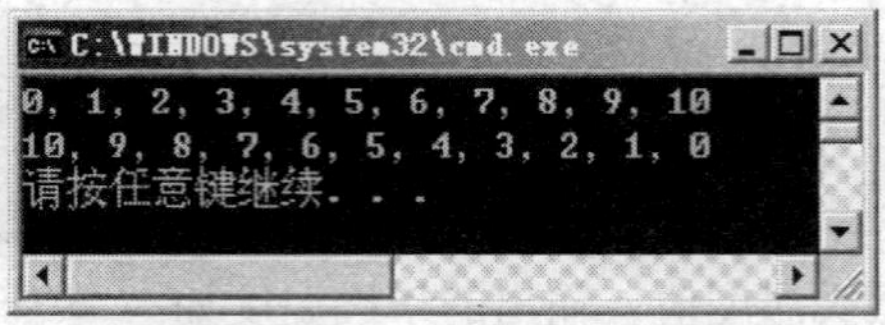

图 4.3　顺数和倒数的计数结果

习题 4

一、填空题

1. 所谓装箱就是将一个________隐式地转换成一个 object 类型或一个被该值类型应用的接口类型。

2. 所谓拆箱就是将一个________显示式转换成一个值类型或将一个接口类型显示式地转换成一个执行该接口的值类型。

3. 数据类型说明符用来说明方法返回值的类型，如果没有返回值，则其类型说明符应该为________。

4. 代码行以 using 开头，表示程序中引用________。

5. 为命名空间和类的完全限定名取一个别名的语句格式是________。

二、选择题

1. 下列代码的执行结果是（　　）。

```
static void Main(string[] args)
{
    int a = 20;
    object b = a;
    b = 10;
    Console.WriteLine("a={0}",a);
}
```

A. 20　　B. 10　　C. *a*=20　　D. *a*=10

2. 下列代码的执行结果是（　　）。

```
static void Main(string[] args)
{
    int a = 20;
    decimal b = a;
    a = 10;
    Console.WriteLine("b={0}",b);
}
```

A. 会发生编译错误　　B. 10　　C. *b*=20　　D. *b*=10

3. 下列说法中正确的是（　　）。

A. 命名空间按树形结构来组织程序

B. 引用命名空间的语句格式是 using 命名空间名

C. 所谓别名，就是为某个命名空间或类的完全限定名取一个简单、易记的名字

D. 命名空间不可以嵌套

4. 下列不能进行隐式转换的是（　　）。

A. 任何引用类型转换为对象类型（object）

B. byte 类型转换为 int 类型

C. float 类型转换为 double 类型

D. int 类型转换为 char 类型

5. 下列转换不是合法的显示转换的是（　　）。

A. 显式数值转换

B. 显式枚举转换

C. 显式引用转换

D. 父类到子类的转换

三、综合题

1. 试比较隐式转换和显式转换的区别?

2. 简述如何定义和引用命名空间。

3. 在医学上通常用身体的质量指标（BMI）来衡量与体重相关的健康程度。BMI 的计算公式为 $BMI=w/(2\times h)$。其中 w 是人的体重（千克），h 是人的身高（米）。如果 BMI 的值<20，则认为体重偏瘦；如果 BMI 的值在 20～25，则认为体重正常；如果 BMI 的值>25，则认为体重偏胖。试编写一个控制台应用程序，接收用户的输入，输出 BMI 的值和诊断结论。

4. 编写一个能进行加减乘除四则运算的程序。操作要求：输入一个整数和一个单精度数，然后输入一个运算符号，计算这两个数的运算结果并输出。

5. 编写一个控制台应用程序，输入本金 p、利率 r 和存款年限 y，输出 y 年后的存款总额。提示：y 年后的存款总额为 $p\times(1+r)^y$。

第5章 数组和方法

学习目标

- 使用一维数组处理相同数据类型的数据
- 使用二维数组处理相同类型数据的行列、矩阵等问题
- 选用不同参数类型的方法处理问题
- 理解委托的概念，能根据条件使用委托调用不同的方法来解决问题
- 订阅事件，利用事件处理相应的任务

5.1 数组

在编写程序时，经常要记录和处理大量同类型的数据。例如，某个班级中所有学生的某门课程的成绩，解决类似的问题可以有两种方法：一是定义大量该类型的变量，但这样做的缺点是代码繁琐冗长，而且不易对数据进行维护；二是使用数组这种数据类型，将要计算的数据放在数组中，统一处理。很显然，数组在处理上述问题时具有较大的优势。

在 C#中，数组具有如下特点。

（1）数组是一种引用数据类型，由若干个相同类型的元素组成。

（2）数组可以有一个或多个维，每个维都有一个长度，每个维的元素的下标都是从 0 开始的，它的最后一个元素的下标比该维的长度少 1。

数组元素有如下特点。

（1）数组元素由数组的所有维的下标共同唯一确定，数组中元素的个数等于该数组所有维的长度的连乘积。

（2）数组元素可以是任何类型，包括数组类型。

在 C 语言中，数组名代表一块可寻址连续内存区域的首地址，而在 C#中，由于.NET 是面向对象的，故数组名可以看成是对象名，数组是抽象基类型 Array 的派生类型，故任何数组名都可以使用 Array 类的部分属性和方法，这样就极大地方便了数组的操作。

表 5.1 列出了 Array 类常用的一些属性和方法。

表 5.1　Array 类的部分属性和方法

属　性	说　明
Length	表示数组的所有维中元素的总数
Rank	获取数组的维数
方　法	说　明
Reverse	反转一维数组或数组中部分元素的顺序
Sort	对一维数组对象中的元素进行排序

5.1.1　一维数组

【学一学】

一维数组的定义分为两步：第 1 步是声明数组，第 2 步是为数组分配空间并初始化数组元素。

1. 一维数组的声明

一维数组声明的语法格式如下。

```
数据类型[]  数组名;
```

上述语法中的数据类型可以是任何类型，甚至可以是数组类型。通过上述语法，即可声明一个长度不确定的一维数组。下面的代码段声明了两个一维数组。

```
int[] nums;              //定义了一个一维整型数组，数组名为 nums;
string[] stuNames;       //定义了一个一维字符串数组，数组名为 stuNames;
```

2. 一维数组的创建及初始化

一维数组的创建是指利用 new 运算符为数组分配内存空间。初始化是指在创建数组的时候，用指定的值为数组元素赋初值，如果没有用指定的值初始化数组元素，就用默认值进行初始化。创建一维数组的语法格式如下。

```
数组名=new 数据类型[数组长度];
```

这里的数组长度必须是常量或常量表达式，或者是已经赋值的变量。创建数组及初始化数组元素主要有以下几种方法。

（1）在声明数组的同时创建数组并用默认值初始化数组元素。如果数组元素类型为值类型，则默认值为 0；如果数组类型为引用类型，则默认值为空引用 null。

以下代码创建了初值为 0，并且具有 5 个元素 nums [0]～nums [4]的整型数组 grade。

```
int[] grade=new int[5];
```

以下代码创建了初值为 null，并且有 5 个元素的字符串数组 name。

```
string[] name=new string[5];
```

（2）在声明数组的同时创建数组并用指定的值初始化数组元素，初始化的值放在花括号（{}）中，详见下列示例代码。

```
int[] grade=new int[5]{50,60,70,80,90};//创建一个整型数组，其中数组元素 stu[0]～stu[4]的值分别初始化为 50、60、70、80、90。
```

下列代码创建了一个字符串数组，其中的数组元素 stuName[0]～stuName[2]分别初始化为字符串常量“Beijing”、“Nanjing”、“Shanghai”。

```
string[] citys=new string[3]{ "Beijing","Nanjing","Shanghai"};
```

上述代码中可以在 new 运算符后不写元素个数，但如果指定了个数，则必须要与花括号（{}）中数据的个数一致，否则编译会出错。上述的两个代码段也可以使用以下的形式替代。

```
int[] grade ={50,60,70,80,90};                          //隐含创建了一个整型数组
string[] citys ={"Beijing","Nanjing","Shanghai"};//隐含创建了一个字符串数组
```

上述形式的代码没有使用 new 运算符，隐含地为数组分配内存空间，并且数组的元素个素由花括号（{}）中数据的个数决定。

（3）声明数组后，再用 new 运算符创建数组及初始化数组元素。详见下列代码。

```
int[] grade;
grade = new int[5]{50,60,70,80,90};
string[] citys;
citys =new string[3]{ "Beijing","Nanjing","Shanghai"};
```

在 C#中，数组名是一个引用变量，可以和另一个类型相同的数组名相互赋值，如下列代码所示。

```
int[] grade=new int[]{50,60,70,80,90};                 //创建一维整型数组 grade
int[] score= grade;                                     //此时 score 与 grade 代表的是同一个数组
```

【试一试】

任务 5.1

把从控制台录入的某门课程的成绩放在数组中，按降序排序，将排序后的结果以及课程的最高分、最低分和平均分输出。

解决思路

（1）将输入的课程成绩保存在一个数组中。

（2）对数组中的元素按降序进行排序。

（3）找出最高分和最低分（即第一个元素和最后一个元素）。

（4）求数组中所有元素的平均分。

（5）输出排序后的成绩、最高分、最低分和平均分。

完成步骤

（1）创建一个控制台应用程序，项目名称为 Chapter5_1，在该项目中添加一个名为 Score.cs 的类文件。

（2）在类 Score 中添加以下两个私有成员。

```
float[] arrayScore;                                     //声明了一个 float 型的数组
int count;                                              //定义一个整型变量，用于记录数组元素的个数
```

（3）在类 Score 中添加一个公有方法 InputScore()，用于输入成绩。代码如下。

```
public void InputScore()
{
   Console.Write("请输入该班学生人数：");
   count = int.Parse(Console.ReadLine());
   arrayScore = new float[count];
   int i;
   for (i = 0; i < count; i++)
   {
      Console.Write("请输入第{0}个学生的成绩：", i+1);
```

```
        arrayScore[i] = float.Parse(Console.ReadLine());
    }
}
```

（4）在类 Score 中添加一个公有方法 DispAverage()，用于计算并输出平均成绩。代码如下。

```
public void DispAverage()
{
    float avg, sum=0;
    foreach (float k in arrayScore)
    {
        sum += k;
    }
    avg = sum / count;
    Console.WriteLine("该班学生的平均分为{0:f2}", avg);
}
```

上述代码中的"{0:f2}"是一个格式字符串，表示变量 avg 带两位小数输出。

（5）在类 Score 中添加一个公有方法 DispMaxandMin ()，用于输出最高分和最低分。代码如下。

```
public void DispMaxandMin()
{
    float max, min;
    max = arrayScore[0];
    min = arrayScore[0];
    for (int i = 1; i < count; i++)
    {
        if (arrayScore[i] > max)
            max = arrayScore[i];
        if (arrayScore[i] < min)
            min = arrayScore[i];
    }
    Console.WriteLine("最高分为{0:f2}", max);
    Console.WriteLine("最低分为{0:f2}", min);
}
```

求数组中最大值的基本算法：定义变量 max，将数组的第一个元素赋给 max，接下来通过循环遍历剩余的所有元素，一旦发现某个元素的值比 max 大，就将该值赋给 max，循环结束后 max 的值就是所有元素中的最大值，用类似的算法可求数组中的最小值。

（6）在类 Score 中添加一个公有方法 Sort()，用于对数组中的成绩按降序排序，并输出排序后的结果。代码如下。

```
public void Sort()
{
    Array.Sort(arrayScore);
    Array.Reverse(arrayScore);
    Console.WriteLine("成绩排序后的结果为：");
    for (int i = 0; i < count; i++)
        Console.WriteLine("{0:f2}  ", arrayScore[i]);
}
```

注意：上述代码中调用 Array 类的 Sort 方法将指定的数组中的元素按升序排序，要实现成绩从高到低排序，还必须使用 Array 类的 Reverse 方法反转元素的次序。

对数组排序可以采用双重循环实现，排序的方法有冒泡法、选择法等，具体的实现可以参考相关书籍。在 C#中，对数组排序非常简单，可以直接采用 Array 类的静态方法 Sort 和 Reverse 来实现排序。

（7）在主方法 Main 中，编写如下代码，以创建类 Score 的实例，并依次调用前面创建的方法，完成成绩的排序，输出最高分、最低分和平均分。

```
static void Main(string[] args)
{
    Score score = new Score();
    score.InputScore();
    score.Sort();
    score.DispMaxandMin();
    score.DispAverage();
}
```

运行程序，按提示输入成绩，执行后的结果如图 5.1 所示。

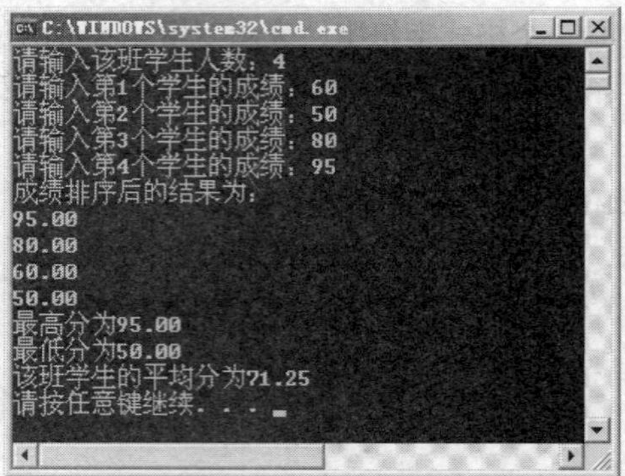

图 5.1　程序的执行结果

5.1.2　二维数组

在 C#中，二维数组有两个特点：一是具有两个维，通常将第一维称作行，第二维称作列；二是元素的个数为行数×列数。二维数组在数学中有着广泛的应用，通常用来表示矩阵，同时二维数组的每个元素可以对应到二维表格中的单元格中的内容，所以二维数组也可以用来处理表格中的数据，例如，统计商品的销售情况。

【学一学】

二维数组的定义跟一维数组一样，分为两步：第 1 步是声明一个二维数组，第 2 步是为该二维数组分配空间并初始化数组元素。

1. 二维数组的声明

二维数组声明的语法格式如下。

```
数据类型[ , ] 数组名;
```

上述语法中的数据类型即数组元素类型，同一维数组一样也可以是任何类型。数组的两个维之间用逗号隔开，也就是说，一个逗号表示两个维，依此类推，如果有 *n* 个逗号，则表示 *n*+1 维。以下代码演示了二维数组的声明。

```
int[,] score;      //声明了一个可以存放多名学生多门课程的成绩的二维数组
string[,] book;    //声明了一个可以存放多层书架上的多本书籍名称的二维数组
```

2. 二维数组的创建及初始化

与一维数组一样，二维数组的创建指的是利用 new 运算符为数组分配内存空间。初始化指的是在创建数组的时候，用指定的值为数组元素赋初值，如果没有用指定的值初始化数组元素，就用默认值初始化。创建二维数组的语法格式如下。

```
二维数组名=new 数据类型[数组长度 1，数组长度 2];
```

这里的数组长度 1 和数组长度 2 分别表示二维数组第一维和第二维的长度，它们必须是常量或常量表达式，或者是已经赋值的变量。

欲访问二维数组中的元素，可以使用以下语法格式。

```
数组名[下标 1,下标 2]。
```

其中下标 1 对应到行，下标 2 对应到列，下标 1、下标 2 的最小值为 0，下标 1、下标 2 的最大值分别为二维数组的行数-1、列数-1。

创建二维数组及初始化二维数组元素的方法主要有以下 3 种方式。

（1）在声明数组的同时创建数组，并用默认值初始化数组元素。如果数组元素类型为值类型，则默认值为 0；如果数组类型为引用类型，则默认值为空引用 null。

以下代码创建了一个行数为 5，列数为 3 的整型二维数组，其中行表示学生，列表示课程，元素之一 score[2,1]存放的是第 3 个学生的第 2 门课程的成绩，所有的成绩都初始化为 0。

```
int[,] score=new int[5,3];
```

以下代码创建了一个行数为 5，列数为 10 的字符型二维数组，元素之一 book[2,3]存放的是书架第 3 层中第 4 本书的名称，所有数组元素都初始化为 null。

```
string[,] book=new string[5,10];
```

（2）在声明二维数组的同时创建数组，并用指定的值初始化数组元素。为每行指定的值放在花括号（{}）中，而所有行的值再放在外围的一个花括号（{}）中。

以下代码创建了一个二维数组 score，来存放 3 个学生的 4 门课程的成绩。

```
int[,] score=new int[3,4] {{93,78,83,90},{92,73,63,82},{53,83,93,60}};
```

内部 3 个大括号中的数据分别为 3 行的数组元素赋初值，3 个内部大括号内的元素的个数必须相同。

下列代码创建了一个二维数组 book，来保存两层书架上放置的书名。

```
string[,] book=new string[2,3] {{"C 语言程序设计","VB 编程基础","Delphi 编程基础"},{"政治经济学","货币银行学","市场经济学"}};
```

new 运算符后可以不指定行和列的长度,但如果要指定长度，则必须与花括号（{}）中用作初始化的数据的行数和列数保持一致，上述代码可用以下的形式替代。

```
string[,] book={{"C 语言程序设计","VB 编程基础","Delphi 编程基础"},{"政治经济学","货币银行学","市场经济学"}};
```

book 数组表示的元素可以用表 5.2 表示。

表 5.2　　book 数组中的元素

书架号 \ 书序号	0	1	2
0	C 语言程序设计	VB 编程基础	Delphi 编程基础
1	政治经济学	货币银行学	市场经济学

（3）声明数组后，再用 new 运算符创建数组及初始化数组元素。如下列代码所示。

```
int[,] score;
score=new int[3,4] {{93,78,83,90},{92,73,63,82},{53,83,93,60}};
string[,] book;
book=new string[2,3] {{"C语言程序设计","VB编程基础","Delphi编程基础"},{"政治经济学","货币银行学","市场经济学"}};
```

【试一试】

任务 5.2

录入各商品在指定地区的销售额，统计各地区所有商品的销售总额，统计各类商品在所有地区的销售总额，并以表格的形式将统计结果输出。

解决思路

（1）以地区作为行、商品作为列构建一个二维数组，将输入的某一商品在某一地区的销售额作为一个元素，保存在二维数组中。

（2）依次输出各行的元素值，汇总各行的元素值并输出。

（3）依次按列汇总各列的元素值，并输出。与此同时汇总所有列的元素值，然后输出。

完成步骤

创建该程序的步骤如下。

（1）创建一个名为 Chapter5_2 的控制台应用程序，向项目中添加一个名为 Sell.cs 的类文件。

（2）在类 Sell 中添加 3 个私有成员变量。

```
int[,] sellAmount;                    //存放商品的销售额
string[] area;                        //存放销售的地区
string[] goods;                       //存放销售的商品
```

（3）在类 Sell 中添加一个构造函数 Sell( )，用于初始化销售地区和销售商品名，代码如下。

```
public  Sell()
{
    area = new string[] { "上海", "北京", "广州" };
    goods = new string[] { "彩电", "冰箱", "空调" };
    sellAmount = new int[3, 3];
}
```

（4）在类 Sell 中添加一个公有方法 InputAmount()，用于输入销售额，代码如下。

```
public void InputAmout()
{
    for (int i=0;i<3;i++)             //行对应地区
        for (int j = 0; j < 3; j++)   //列对应商品
        {
            Console.Write("请输入{0}在{1}的销售额：", goods[j], area[i]);
            sellAmount[i, j] = int.Parse(Console.ReadLine());
        }
}
```

（5）在类 Sell 中添加一个公有方法 Statistics()，先按行统计各地区所有商品的销售总额，再按列统计各类商品在所有地区的销售总额，最后将数组中所有的元素值一并汇总并输出。代码如下。

```
public void Statistics()
{
    Console.WriteLine("\n{0,20}","商品销售情况统计表");//输出表标题
    Console.WriteLine("{0,12}{1,6}{2,6}{3,6}", goods[0], goods[1], goods[2], "合计");
```

```
                                                    //输出表头
    int[] temp=new int[3];                          //保存各列的总和
    int total = 0;                                  //保存所有销售额的总和
    for (int i = 0; i < 3; i++)                     //此循环按行统计各行的销售额
    {
        Console.Write("{0,-8}", area[i]);
        int count = 0;
        for (int j = 0; j < 3; j++)
        {
            Console.Write("{0,-8}", sellAmount[i, j]);
            count+= sellAmount[i, j];
        }
        Console.WriteLine("{0,-8}", count);         //输出该行的总和
    }
    Console.Write("{0,-8}", "合计");                 //输出统计行的列头
    for (int i = 0; i < 3; i++)                     //此循环按列统计各列的销售额
    {
        int count = 0;
        for (int j = 0; j < 3; j++)
        {
            count += sellAmount[j, i];
            total += sellAmount[j, i];
        }
        Console.Write("{0,-8}", count);             //输出该列的总和
    }
    Console.WriteLine("{0,-8}", total);             //输出所有销售总额
}
```

上述代码中，格式字符串“{0,-8}”是指变量在输出时，所占的长度是 8 个字符且左对齐，不足部分用空格补齐。

（6）在 Program.cs 文件的主方法 Main 中，编写如下代码，实例化类 Sell 的一个对象 sell，调用前面创建的方法，来完成销售额的统计任务。

```
static void Main(string[] args)
{
    Sell sell = new Sell();
    sell.InputAmout();
    sell.Statistics();
}
```

（7）按“Ctrl+F5”组合键，运行程序，按提示输入销售额数据，程序的执行结果如图 5.2 所示。

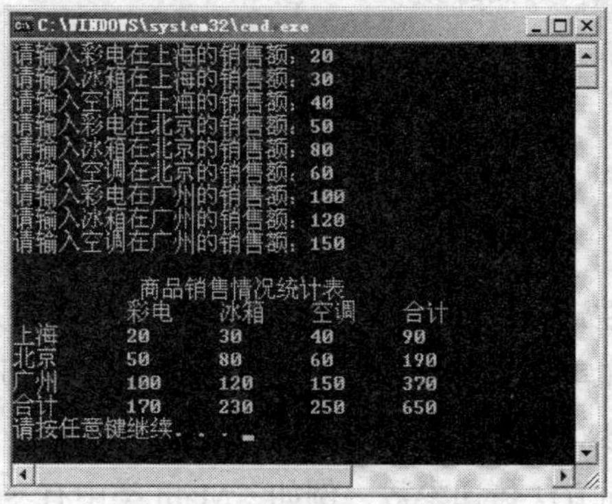

图 5.2　程序的执行结果

5.2 方法

C#中的方法与C语言中的函数类似，是将若干语句按功能组织成独立的代码单元，这样有利于程序的组织、重用和管理。方法是类的主要组成部分，通过方法来完成类或对象特定的任务和操作。

5.2.1 方法的定义

【学一学】

在使用方法前，首先要定义方法。方法的定义包含两个部分：方法头和方法体。方法头是定义方法的第一行，即左花括号（{）前的语句。方法体位于花括号对中，是调用方法时要执行的语句。定义方法的语法格式如下。

```
修饰符 返回值类型 方法名(参数列表)
{
    //方法体
}
```

修饰符可以是static、public、private、protected、internal、virtual、override、abstract或extern，关于这些修饰符的含义在后面有较为详细的介绍。

方法的返回值类型设置了方法要返回的值的数据类型，它可以是前面介绍的任意的数据类型，也可以是自定义的数据类型。如果方法没有返回值，就用关键词void指定。

方法名是在程序中调用方法的名称，它的命名规则与变量的命名规则相同。在给方法命名时，要注意见名知义，也就是方法的名称能反应方法的功能，以提高程序的可读性。

参数列表用于在调用方法时给方法传递内容，每个参数都包括参数名和参数类型。参数名用于在方法体中访问传递给方法的数据项，方法中可以没有参数列表。

下面定义了一个方法Square，该方法用于计算*n*的平方值。

```
static public int Square(int n)
{
    return n * n;
}
```

以下代码是在主方法Main中调用上述方法Square，以输出1～9的平方值。

```
static void Main(string[] args)
{
    for (int i = 1; i < 10;i++ )
    {
        Console.WriteLine(i+"的平方="+Square(i));
    }
}
```

上述代码中，整数*n*是在定义方法时的参数，整数*i*是在调用方法时，传递给方法的变量。这里要明确两个概念：形参和实参。形参是指定义方法时方法中的形式参数，实参是指在调用方法时，传递给方法并且与形参对应的有实际值的变量或常量。

在调用方法时，有时会向方法传递参数，例如，Math类中有一个求绝对值的方法Abs。

```
public static short Abs (short value);
```

在该方法中，value 称为形参，如果在程序中使用如下代码来调用该方法，则其中的短整型变量 *a* 就称为实参。

```
short a = 5;
Console.WriteLine(Math.Abs(a));
```

在调用方法时，实参传递给形参的方式有按值传递、按引用传递、按输出参数传递。

5.2.2　参数按值传递

【学一学】

如果在定义方法时形参未加任何修饰，则在调用方法时，将实参的值传给形参。也就是说，将含有实际数据的实参的一个副本传给形参，形参和实参占据不同的内存空间。在方法内对形参变量的改变不会影响到实参。这种按值传递的方式应用最为广泛。一般在定义方法时，设置若干个按值传递的形参，并设定一个返回值类型，通过该方法获得一个计算或处理的结果。

参数按值传递又分为两种情况：第 1 种情况是参数类型本身就是值类型，此时方法中形参变量的改变对实参没有任何影响；第 2 种情况是参数类型本身就是引用类型，如数组作为参数时，传递的是数组对象的引用而不是数组元素本身，此时可以通过该方法去更改引用所指向的数据，如数组内元素的值，但对形参引用本身的改变不会影响到实参。

【试一试】

任务 5.3

定义学生的人数、课程名和各学生的该课程成绩。然后调用参数按值传递的方法修改学生的人数、课程名和课程成绩，并比较调用方法前后实参的变化。

解决思路

（1）定义 3 个变量（即实际参数）来分别保存学生人数、课程名和各学生的该课程成绩。

（2）定义一个方法 OutputValues 输出上述 3 个变量保存的数据。

（3）定义一个带 3 个参数的方法 Modify，用来修改参数的值，并将修改后的参数值输出。方法中的这 3 个参数分别与（1）中定义的参数对应。

（4）定义另一个方法 TestModify，在该方法中，首先调用方法 OutputValues 输出实参的值，然后调用方法 Modify 接收实参传递过来的值，以输出修改后的参数的值。最后再一次调用方法 OutputValues 输出实参的值，以判断在调用方法 Modify 后，是否对实参造成了影响。

完成步骤

（1）创建一个名为 Chapter5_3 的控制台应用程序，然后向该项目中添加一个名为 TestParam.cs 的类文件。

（2）在类 TestParam 中定义如下 3 个变量，作为实参来使用。

```
string course = "C#";
int count = 5;
int[] score = new int[] { 56, 63, 78, 70, 85 };
```

显然变量 course 和 score 均是引用类型，而 count 是值类型变量。

（3）在类 TestParam 中定义一个方法 OutputValues，用来输出 3 个实参的值。具体代码如下。

```
void OutputValues()
{
    Console.WriteLine("课程:{0}", course);
```

```
    Console.WriteLine("人数:{0}", count);
    for (int i = 1; i <= count; i++)
        Console.WriteLine("第{0}个学生成绩为{1}", i , score[i-1]);
}
```

（4）在类 TestParam 中添加一个方法 Modify，用来修改该方法中参数的值，并将修改后的结果输出。具体代码如下。

```
void Modify(string course, int count, int[] score)
{
    course = "ASP.NET";           //将课程更改为 ASP.NET
    count = 4;                    //将人数更改为 4
    Console.WriteLine("课程:{0}", course);
    Console.WriteLine("人数:{0}", count);
    for (int i = 1; i <= count; i++)
    {
        score[i - 1] += 10;    //将成绩各加 10 分
        Console.WriteLine("第{0}个学生成绩为{1}", i, score[i - 1]);
    }
}
```

（5）在类 TestParam 中添加一个方法 TestModify，用来调用方法 OutputValues 输出实参的值，并将实参传递给方法 Modify，调用方法 Modify 以输出参数修改后的结果。再调用方法 OutputValues 输出实参的值，比较调用方法 Modify 前后实参的变化。具体代码如下。

```
public void TestModify()
{
    Console.WriteLine("以下是在调用方法\"Modify\"前各实参的值是：");
    OutputValues();
    Console.WriteLine("以下是传递实参后调用方法\" Modify \"的输出结果：");
    Modify (course,count,score);
    Console.WriteLine("以下是在调用方法\" Modify \"后各实参的值是：");
    OutputValues();
}
```

（6）在主方法 Main 中编写如下代码，来显示参数的变化。

```
static void Main(string[] args)
{
    TestParam tp = new TestParam();
    tp.TestModify ();
}
```

运行程序，执行结果如图 5.3 所示。

分析上述结果发现：

（1）学生的成绩发生了改变，这是因为方法 Modify 通过传过来的引用类型的数组名，改变了数组中元素的值，故实参数组的数组元素相应地得到了改变。

（2）按理说实参 course 也属于按值传递的引用类型，其所指向的字符串内容也应发生改变，但最后的输出结果证明 course 并没有变化。这是因为 string 引用类型比较特殊，在 C# 中不允许改变其内容。方法 Modify 中的代码“course = "ASP.NET";”执行的过程是在堆中另外分配空间存放字符串“ASP.NET”，并使形参变量 course 指向该对象，即改变了引用本身，并没有影响到原来的实参 course，故输出的 course 没有变化。

（3）count 变量是值类型，所以形参的变化不会对原来的实参产生影响。

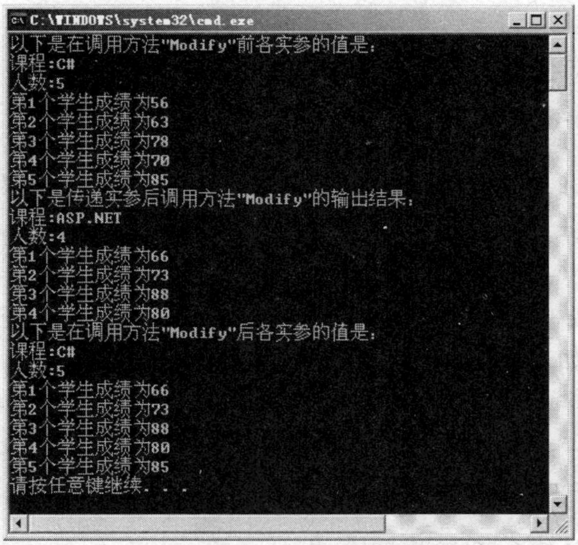

图 5.3　程序的执行结果

5.2.3　参数按引用传递

【学一学】

在定义方法时，将 ref 关键字放在形参变量类型标识符的前面，则该参数按照引用传递。在调用方法时也必须在对应的实参前面使用 ref 关键字。按引用传递参数时，形参和实参在内存中的位置是相同的，所以形参变量的改变就等同于实参变量的改变。

按引用传递参数同样有两种情况：第 1 种情况是形参本身就是引用类型，即按引用传递引用类型，此时对形参的改变及对形参所指向的数据的改变均会反映到实参中；第 2 种情况是形参本身是值类型，即按引用传递值类型。在实际程序开发过程中，用得最多的是按引用传递值类型。

按引用传递参数的一个重要作用就是可以使方法返回多个值，它突破了按值传递参数只能返回一个值的限制。使用 ref 关键字，使多个值类型实参得到更新成为可能。需要注意的是，按引用传递参数时实参在传入前必须进行初始化。

【试一试】

任务 5.4

输入学生的成绩，通过引用传递参数返回成绩的最高分、最低分和平均分，并输出。

解决思路

（1）将输入的学生成绩放在一个数组中。

（2）定义一个带有 4 个参数的方法，其中第一个参数是数组类型参数，用来接收要处理的成绩，其他 3 个参数均是引用类型参数，用来返回成绩的最高分、最低分和平均分。

（3）在主方法中调用上述方法，并将引用参数的值输出。

完成步骤

（1）创建一个名为 Chapter5_4 的控制台应用程序，并向该项目中添加一个名为 DealGrade.cs 的类文件。

（2）在类 DealGrade 中添加一个方法 InputScore，用来向数组中输入学生的成绩。方法的代码如下。

```
public void InputScore(float[] score)
{
    for (int i = 0; i < score.Length;i++ )
    {
        Console.Write("请输入第{0}个学生的分数：",i+1);
        score[i] = float.Parse(Console.ReadLine());
    }
}
```

（3）在类 DealGrade 中添加一个方法 GetMaxMinAvegByRef，用来处理成绩，返回最高分、最低分和平均分，代码如下。

```
public void GetMaxMinAvegByRef(float[] score,ref float max,ref float min,ref float
aveg)
{
    max = min = score[0];
    float total = 0;
    for (int i = 0; i < score.Length; i++)
    {
        if (max < score[i])
            max = score[i];
        if (min > score[i])
            min = score[i];
        total += score[i];
    }
    aveg = total / score.Length;
}
```

上述方法中的参数 max、min、aveg 均是值类型，它们按引用传递，方法中对这 3 个变量的赋值将会直接改变实参变量。

（4）在主方法 Main 中编写如下代码，向数组 score 中输入成绩，调用方法 GetMaxMinAvegByRef，并将实参的值输出。

```
static void Main(string[] args)
{
    float[] score;
    float max=0, min=0, aveg=0;          //要赋初值，否则编译通不过
    Console.Write("输入学生人数：");
    int count = int.Parse(Console.ReadLine());
    score = new float[count];
    DealGrade dg = new DealGrade();
    dg.InputScore(score);                //输入成绩
    dg.GetMaxMinAvegByRef(score, ref max, ref min, ref aveg);
                                         //调用方法，使用引用参数返回多个值
    Console.WriteLine("最高分是：{0}，最低分是：{1}，平均分是：{2}。",max,min,aveg);
                                         //输出受影响的实参的值
}
```

按“Ctrl+F5”组合键运行程序，按提示输入学生人数和各学生的成绩，程序的执行结果如图 5.4 所示。

从图 5.4 可以看出，通过按引用传递参数，使方法 GetMaxMinAvegByRef 返回了 3 个值。但在主方法 Main 中必须对变量 max、min 和 aveg 进行初始化，否则程序编译将无法通过，而这种初始化有时是毫无意义的，为了不受该用法的限制，可以使用输出参数解决这个问题。

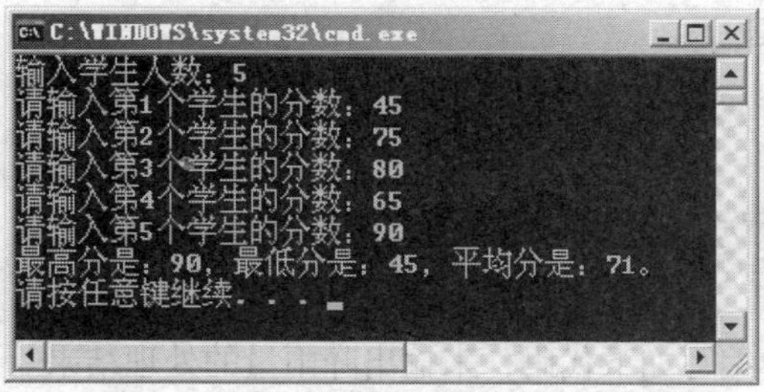

图 5.4　按引用传递参数返回的多个值

5.2.4　参数按输出参数传递

【学一学】

在定义方法时，将 out 关键字放在形参变量类型标识符的前面，则该参数按输出参数传递。在调用该方法时必须在实参前面也使用 out 关键字。使用 out 关键字使输出参数按引用传递，不过与按引用传递不同的是，按输出参数传递参数时，在传入参数前实参可以不必初始化，但在方法返回前必须为输出参数赋一个值。

【试一试】

任务 5.5

表 5.3 列出气象台监测到的某市 1～12 月份的降雨量，使用带输出参数的方法计算最高降雨量、最低降雨量和月平均降雨量。

表 5.3　　　　　　　　　某市 1～12 月份的降雨量（mm）

1 月	2 月	3 月	4 月	5 月	6 月	7 月	8 月	9 月	10 月	11 月	12 月
10	25	12	45	32	85	66	40	102	76	39	58

解决思路

（1）将 12 个月的降雨量存放到一个数组中。

（2）定义一个带输出参数的方法，来处理数组中的元素，求出数组中元素的最大值、最小值和平均值，并用输出参数返回。

（3）将输出实参的值在控制台输出。

完成步骤

（1）创建一个名为 Chapter5_5 的控制台应用程序，向该项目中添加一个名为 Rainfall.cs 的类文件。

（2）在类 Rainfall 中添加一个方法 StatRainfall，用来计算数组中元素的最大值、最小值和平均值，具体代码如下。

```
public void StatRainfall(float[] rain, out float max ,out float min,out float aveg)
{
    float sum=0;
    max=rain[0];
    min=rain[0];
    foreach(float i in rain)
    {
        if(i>max)
```

```
            max=i;
        if(i<min)
            min=i;
        sum+=i;
    }
    aveg = sum / rain.Length;
}
```

（3）在主方法 Main 中编写如下代码，来输出降雨量的处理结果。

```
static void Main(string[] args)
{
    float[] rain = new float[]
    {
        10,25,12,45,32,85,66,40,102,76,39,58
    };
    float max, min, aveg;                                      //实参
    Rainfall rainfall = new Rainfall();
    rainfall.StatRainfall(rain,out max,out min,out aveg); //通过实参返回计算的结果
    Console.WriteLine("12 个月中最大降雨量是{0}mm，最小降雨量是{1}mm，
        \n 平均降雨量是{2}mm。",max,min,aveg);
}
```

由上述代码可以看出，实参 max、min 和 aveg 在传递给方法 StatRainfall 前是没有赋初值的，这一点与引用参数的使用是有区别的。

运行程序，执行结果如图 5.5 所示。

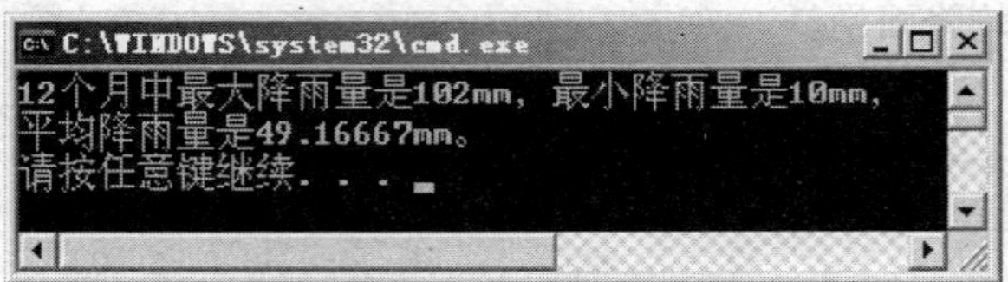

图 5.5　降雨量的处理结果

5.3 委托和事件

在 C 语言中，调用函数有两种方式：一种是通过函数名来调用；另一种是利用函数指针来调用。第二种调用函数方式的目的，主要是通过一个指向函数的指针变量来灵活调用多个不同功能的方法。而在 C#中，有一个与 C 指针作用类似的变量类型，它就是委托。委托是面向对象和类型安全的，另外委托是.NET 框架中事件处理机制的基础。

5.3.1 委托的概念和定义

【学一学】

1. 委托的概念

C＃中的方法类似于 C 中的函数，在内存中有一个入口物理地址，它就是方法被调用的地址。方法的入口地址可以被赋给委托，通过委托来调用该方法。因此，从这个意义上，可以认为委托

就是方法的指针。在 C#中，委托具有如下特点。

（1）委托是引用类型，它是对特定返回类型和参数列表的方法的引用，委托封装了方法。

（2）委托是用户自定义类型，因此在定义委托的时候，并不是定义委托类型的变量，而是定义一个数据类型。

（3）委托封装的方法可以是静态的方法也可以是实例的方法，对方法的名称没有任何特殊要求，也不限制方法能做什么。

（4）调用委托其实就是调用委托所封装的方法，委托相当于一个代理的角色。

委托在.NET 编程中使用广泛：多线程编程时，使用委托来指定一个线程启动时调用的方法；在异步编程时，委托通常会用作回调函数；在事件模型中，委托通常用来指定事件触发时调用的方法；委托的概念也给类库的开发带来了极大的方便，因为可以定义一些通用进程，这些进程仅规定调用的方法的返回类型和参数，而进程中使用的方法可以由程序员提供。这些知识将在后续章节或其他相关课程中学习到。

2. 委托的定义

定义委托时使用如下的语法格式。

```
[访问修饰符] delegate 返回类型 委托名(参数列表);
```

其中访问修饰符与类中普通成员的访问修饰符含义相同，delegate 是关键字，返回类型为该委托类型封装的方法的返回类型，委托名是符合 C#语法的标识符，参数列表为该委托类型封装的方法的参数。

下列代码定义了一个封装返回值为整型、带有两个整型参数的方法的委托类型。

```
delegate int  Compute(int x,int y);
```

3. 委托的使用

委托的典型使用步骤如下。

（1）定义委托类型。

（2）定义委托封装的方法。

（3）实例化委托。实例化委托就是使用 new 运算符创建一个该委托的对象，并将委托指向的方法名作为参数传给委托对象。语法格式如下。

```
委托名 委托对象 = new 委托名(委托封装的方法);
```

这里传递的方法必须符合委托对方法的要求。

（4）调用委托。调用委托即调用委托中封装的方法，语法格式如下。

```
委托对象(参数列表);
```

【试一试】

任务 5.6

输入两个整数，根据用户的提示，求出这两个整数的和、差、积或商并输出。

解决思路

（1）定义一个返回值类型为整数，并且带两个整数参数的委托，以便调用计算整数的方法。

（2）定义 4 个方法，分别用于计算两个整数的和、差、积、商，将计算结果通过返回值返回。

（3）实例化委托，在程序运行时根据用户的提示调用所需的方法，计算结果。

（4）将计算的结果输出。

完成步骤

（1）创建一个名为 Chapter5_6 的控制台应用程序，向该项目中添加一个名为 CalculateData.cs 的类文件。

（2）在类 CalculateData 中定义一个委托类型 delCalculate，代码如下。

```
public delegate int delCalculate(int x,int y);
```

（3）在类 CalculateData 中添加如下 4 个方法，分别实现两个数相加、相减、相乘和相除运算，代码如下。

```
int Add(int x,int y)  //相加
{
    return x + y;
}

int Sub(int x, int y) //相减
{
    return x - y;
}

int Mul(int x, int y) //相乘
{
    return x * y;
}

int Div(int x, int y) //相除
{
    return x / y;
}
```

（4）在类 CalculateData 中添加一个 ComputeData 方法，用来根据用户的提示，通过委托动态调用对应的方法完成两个数的运算，具体代码如下。

```
public int ComputeData(string flag,int x,int y)
{
    int result;                 //保存计算的结果
    flag=flag.ToLower();
    delCalculate obj;           //声明委托类型 delCalculate 的变量
    switch(flag)                //根据标记符 flag 来实例化委托，同时指明委托调用的方法名
    {
        case "a":
            obj = new delCalculate(Add);
            break;
        case "s":
            obj = new delCalculate(Sub);
            break;
        case "m":
            obj = new delCalculate(Mul);
            break;
        default:
            obj = new delCalculate(Div);
            break;
    }
    result=obj(x,y);            //通过委托调用方法，计算结果
```

```
    return result;
}
```

（5）在主方法 Main 中编写如下代码，提示用户输入两个整数和操作标记符，并将计算的结果输出。

```
static void Main(string[] args)
{
    int num1, num2,result;
    string flag;
    Console.Write("请输入第一个数：");
    num1 =int.Parse(Console.ReadLine());
    Console.Write("请输入第二个数：");
    num2 = int.Parse(Console.ReadLine());
    Console.Write("请输入一个字符(a 表示两数相加、s 相减、m 相乘、d 相除):");
    flag = ((char)Console.Read()).ToString();
    CalculateData cd = new CalculateData();
    result=cd.ComputeData(flag,num1,num2);
    Console.WriteLine("两数计算后的结果是：{0}",result);
}
```

运行程序，按提示输入两个整数和操作标记符，程序的执行结果如图 5.6 所示。

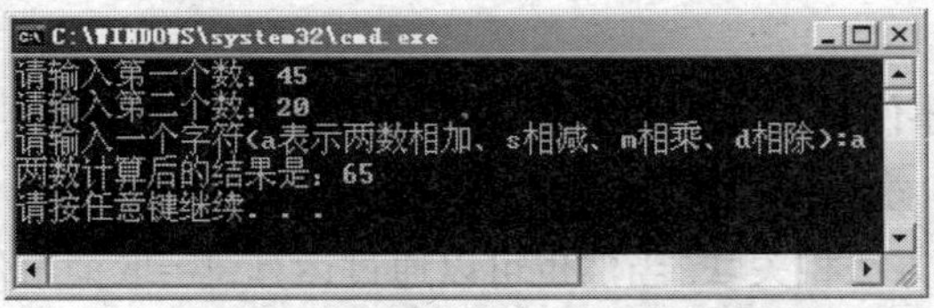

图 5.6　通过委托调用方法的计算结果

5.3.2　事件的概念和定义

有关事件的概念，对于读者来说并不陌生。例如，生活中发生的某个新闻事件、突发事件等；在使用某个应用程序时的单击按钮事件、打开窗体事件等。C#中的事件模型跟其他编程语言类似，首先要定义一个事件，然后将事件与特定的事件处理程序关联起来，当事件发生的时候，就通知事件处理程序处理该事件，同时将事件参数传递给事件处理程序。在读者熟悉的 Windows 应用程序中，按钮的单击就被定义为一个事件，程序员可以编写该事件的处理程序，该程序单元通常为一个方法，然后将该方法与单击事件关联起来，当用户单击按钮时触发该事件，此时就会调用关联的方法处理该事件。

【学一学】

1. 事件的定义

在定义事件时，通常要将事件与某个委托相关联，这意味着该事件对应的处理程序必须是此委托指定的、具有特定返回类型和参数的方法。定义事件的语法格式如下。

```
[访问修饰符] event 委托名 事件名;
```

其中访问修饰符跟普通的类成员访问修饰符含义相同，event 是关键字，委托名为与该事件相关联的委托，事件名是符合 C#语法的标识符。

与事件相关联的委托可以是.NET 类库中已经定义的，也可以是用户自定义的。.NET 类库中已经定义的事件委托具有如下形式。

```
[访问修饰符] delegate void 委托名(object source,EventArgs e);
```

其中 source 表示事件源对象，e 是 EventArgs 类或是其派生类的一个实例，它包含事件的其他信息。在 System.Windows.Forms 命名空间中包含许多已定义好的事件处理委托，例如：

```
puclic delegate void MouseEventHandler(object source,MouseEventArgs args);
```

上述定义的委托 MouseEventHandler 专门被用来处理鼠标事件。

用户自定义的事件委托不受任何限制，但返回类型一般为 void 类型。下列代码段定义了一个自定义事件的委托及使用该委托的事件。

```
public delegate void Compute(int x,int y);  //用户自定义一个委托
public event Compute RequestCompute;        //定义使用委托 Compute 的事件 RequestCompute
```

2. 事件的使用

使用事件的基本过程如下。

（1）定义与事件相关联的委托。定义事件委托跟定义普通委托相同，只不过首先要确定事件发生时应该有哪些参数，然后定义事件委托。

（2）定义事件。

（3）订阅事件。订阅事件其实就是将事件和事件处理方法通过事件委托相关联，基本语法如下。

```
事件名 += new  委托名(方法名);
```

一个事件可以与多个方法相关联。当然也可以通过运算符-=取消事件与事件处理方法的关联。

（4）触发事件。触发事件就是依次执行与该事件相关联的所有方法。触发事件的语法格式如下。

```
事件名(事件参数列表);
```

【试一试】

任务 5.7

输入一个日期格式的字符串，使用事件驱动机制求出该日期对应的星期数，并输出结果。

解决思路

（1）定义一个与事件相关联的委托。

（2）使用定义的委托定义一个事件，通过该事件处理某日期对应的星期数。

（3）定义一个与委托相匹配的方法，通过委托调用该方法来输出星期数。

（4）定义一个方法来订阅并触发事件，执行相应的事件处理方法并输出结果。

完成步骤

（1）创建一个名为 Chapter5_7 的控制台应用程序，并向该项目中添加一个名为 TestEvent.cs 的类文件。

（2）在类 TestEvent 中定义如下的委托和事件。

```
delegate void delTellWeek(string dateStr);  //定义委托
event delTellWeek myEvent;                  //定义事件
```

（3）在类 TestEvent 中定义一个与委托 delTellWeek 相匹配的方法，来求出某日期对应的星期数，并输出结果。具体代码如下。

```
void TellYouWeek(string dateStr)
{
```

```
        DateTime date=DateTime.Parse(dateStr);
        Console.WriteLine(dateStr+"是星期{0:ddd}。",date);
    }
```

上述代码中的“{0:ddd}”是日期类型的格式符，用于显示日期的星期数。

（4）在类 TestEvent 中定义方法 TrigEvent，来订阅和触发事件。

```
    public void TrigEvent()
    {
        myEvent += new delTellWeek(TellYouWeek);//订阅事件
        Console.WriteLine("准备触发事件...");
        Console.Write("请输入一个日期格式的字符串(yyyy-mm-dd): ");
        string dateStr = Console.ReadLine();
        Console.WriteLine("正在处理事件...");
        myEvent(dateStr);        //触发事件，通过委托调用方法 TellYouWeek 来输出该日期对应的星期数
        Console.WriteLine("事件处理结束！");
    }
```

（5）在主方法 Main 中编写如下代码，调用方法 TrigEvent 来输出处理结果。

```
    static void Main(string[] args)
    {
        TestEvent testEvent = new TestEvent();
        testEvent.TrigEvent();
    }
```

运行程序，按提示输入日期，程序的执行结果如图 5.7 所示。

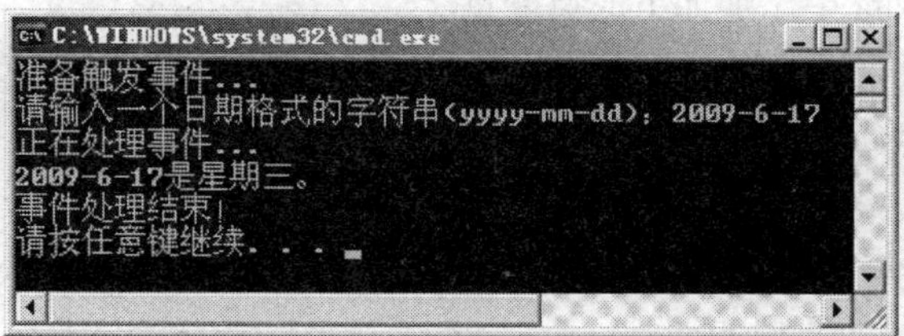

图 5.7　程序运行结果

由此可见，在适当的条件下使用事件模型不仅可以减轻程序员的编程负担，而且可以达到处理事件的目的。在.NET 框架类库中已经定义了许多事件和事件委托，规定了事件发生时事件参数是如何组成的，这样，程序员的主要工作是编写事件的处理程序，来完成应用程序要实现的目标，而不必考虑事件是如何实现的。

本章小结

本章主要介绍了用来保存数据的数组和处理数据的方法。使用数组可以存储大量同类型的数据，以便处理数据，这也是数组的主要作用。可以利用数组下标、采用循环遍历的方式来处理（包括排序、反转、数学计算等）数组中的元素。

在使用方法进行数据处理时，按照方法的参数传递方式可以将方法实参的使用分为 3 种情况：

按值传递、按引用传递和按输出传递。其中引用类型按引用传递、按输出传递和值类型实参按引用传递、按输出传递这几种方式，都可以在方法内通过形参来改变主调方法中实参的值，以达到一个方法可以带回多个返回值的目的。

委托是封装方法的一种特殊数据类型，主要用于在程序运行时调用对应的方法。事件是指在某种情况或条件下，事件的发起者要将发生的事件或处理任务通知相关的订阅者。事件通过委托跟一个或几个特定的方法相关联，以便在触发事件时，调用这些关联的方法处理相关事宜。事件这种机制，使得程序员非常容易基于事件驱动进行编程。

练一练

任务 5.8

某班要进行一次测试学生身高和体重的活动，编写一个控制台应用程序，来输入测量的数据，并计算学生身高和体重的平均值，且将计算结果输出。

操作要求

（1）创建一个控制台应用程序，并向项目中添加一个名为 MeasureData.cs 的类文件。

（2）在类 MeasureData 中添加如下成员变量。

```
int num;                    //班级人数
float[,] heightWeight;      //保存学生的身高和体重数据
string flag;                //标记身高或体重的信息
```

（3）向类 MeasureData 中添加一个方法 InputData，用来接收用户输入的班级人数和学生身高、体重的测量数据。该方法的原型如下。

```
public void InputData()
```

（4）向类 MeasureData 中添加一个方法 GetHeightWeight，计算学生身高和体重的平均值。该方法的原型如下。

```
public void GetHeightWeight(out float avegHeight,out float avegWeight)
```

（5）在主方法 Main 中，创建类 MeasureData 的一个实例，并依次调用方法 InputData 和 GetHeightWeight，将学生身高和体重的平均值输出。

执行结果

运行程序，根据提示输入数据，程序的执行结果如图 5.8 所示。

图 5.8　程序的执行结果

任务 5.9

将某课程的所有成绩保存在一个整型数组中，定义一个含有 1 个整型数组、3 个整型引用参数的方法，该方法用来统计课程成绩分别为优秀(>=90)、合格（>=60 且<90)和不合格（<60)的人数，课程成绩通过数组参数输入，统计的人数通过引用参数返回。

操作要求

（1）创建一个控制台应用程序，向项目中添加一个名为 Grades.cs 的类文件。

（2）向类 Grades 中添加一个方法 InputGrade，用来向参数数组中输入课程成绩。该方法的原型如下。

```
public void InputGrade(int[] arrayGrade)
```

（3）向类 Grades 中添加一个方法 StatNum，通过引用参数返回成绩优秀、合格和不合格的人数。该方法的原型如下。

```
public void StatNum(int[] grade,ref int super,ref int pass,ref int notPass)
```

（4）在主方法 Main 中编写如下代码。

```
static void Main(string[] args)
{
    int super=0, pass=0, notPass=0;
    int num;                                              //学生人数
    int[] studGrade;                                      //保存成绩的数组
    Console.Write("请输入学生人数：");
    num = int.Parse(Console.ReadLine());
    studGrade = new int[num];
    Grades grade = new Grades();
    grade.InputGrade(studGrade);                          //向数组 studGrade 中输入成绩
    grade.StatNum(studGrade, ref super, ref pass, ref notPass);//统计各成绩段的人数
    Console.WriteLine("成绩优秀的人数:{0}，合格的人数：{1}，不合格的人数：{2}。",
            super, pass, notPass);                        //输出结果
}
```

执行结果

运行程序，按提示输入学生人数和各学生的成绩，程序的执行结果如图 5.9 所示。

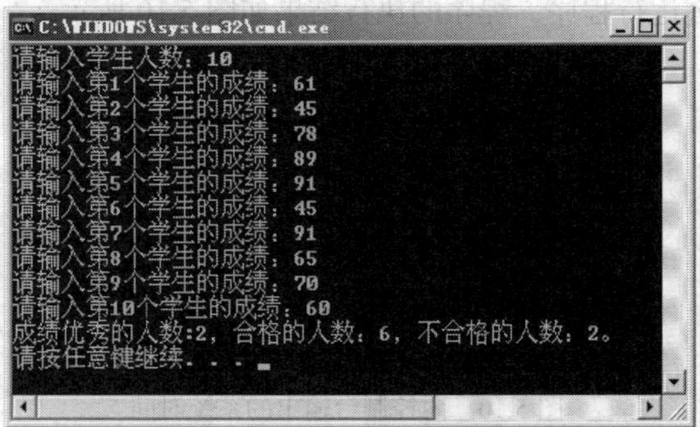

图 5.9　程序的执行结果

任务 5.10

利用事件处理机制，在控制台上每隔 2s 显示系统的当前时间。（提示：时间计时器类 Timer 有一个定义好的事件 Elapsed，当计时器对象的属性 Enabled 为 True 时触发该事件。）

操作要求

（1）创建一个控制台应用程序，向项目中添加一个名为 TimerEvent.cs 的类文件。

（2）向类 TimerEvent 中添加一个方法 OnTimedEvent，用来向控制台输出系统的当前时间。该方法的原型如下。

```
private void OnTimedEvent(object source, ElapsedEventArgs e)
```

> **说明** 时间计时器对象有一个事件 Elapsed，根据代码提示不难看出，与该事件相关的委托定义如下。

```
public delegate void ElapsedEventHandler (Object sender,ElapsedEventArgs e);
```

因此，上述自定义的方法 OnTimedEvent 在形式上应与委托 ElapsedEventHandler 相匹配。

（3）在类 TimerEvent 中定义一个方法 Run，用来创建计时器对象，设置计时器的 Elapsed 事件的时间间隔，订阅事件 Elapsed，即将 Elapsed 事件与定义的方法 OnTimedEvent 关联起来，最后启动计时器。该方法的代码如下。

```
public void Run()
{
    Timer timer = new Timer();                                          //创建一个计时器
    timer.Interval = 2000;                                              //设置计时器的时间间隔为 2s
    timer.Elapsed += new ElapsedEventHandler(OnTimedEvent);//订阅事件
    timer.Enabled = true;                                               //启动计时器
    Console.WriteLine("按回车键退出该程序！");
    Console.ReadLine();
}
```

上述代码中，加入一行代码 Console.ReadLine()，目的是让程序在用户按回车键之前继续运行，以便使计时器 Timer 仍起作用，向控制台输出当前的时间。

（4）在主方法 Main 中创建类 TimerEvent 的一个实例，然后调用该实例的方法 Run，向控制台输出时间。

执行结果

按“Ctrl+F5”组合键运行程序，程序的执行结果如图 5.10 所示。

图 5.10　向控制台输出的系统时间

习题 5

一、填空题

1. 数组是一种________数据类型，可以有一个或多个维，每个维都有一个长度，其下标都是从________开始的。

2. 方法的参数按照类型划分，可分为________参数、________参数和________参数。
3. 委托是一种________类型，它封装了对________的引用，委托相当于一个代理的角色。
4. 以下程序片段的执行结果为________。

```
int[] arr=new int[5]{43,42,5,63,203};
int i,temp;
for(i=0;i<arr.Length/2;i++)
{
    temp=arr[i];
    arr[i]=arr[arr.Length-1-i];
    arr[arr.Length-1-i]=temp;
}
for(i=0;i<arr.Length;i++)
   Console.WriteLine("{0}",arr[i]);
```

5. 执行以下程序的输出结果为________。

```
class Program
{
    static void f(ref int[] a)
    {
        a = new int[5];
        a[0] = 3;
        a[1] = 4;
    }
    static void Main(string[] args)
    {
        int[] a = new int[] { 1, 2 };
        f(ref a);
        Console.WriteLine("{0},{1}", a[0], a[1]);
    }
}
```

二、选择题

1. 在 C#中，关于数组的描述错误的是（　　）。
   A. 数组元素可以是任何类型，甚至包括数组类型
   B. 语句 int[] array=new int[4];执行后，arr[4]的初始值为 0
   C. 数组可以是一维的，也可以是二维的
   D. 数组的长度指的是数组元素的个数
2. 以下代码中，数组的声明、创建并初始化有错误的是（　　）。
   A. int[] score=new score[3]{78,76,77};
   B. int[] score;score=new score[3]{78,76,77};
   C. int[] score={78,76,77};
   D. int[] score=new score[4]{78,76,77};
3. 如果想改变调用方法内的实参变量或实参所指向的数据，则不能使用（　　）。
   A. 按值传递值类型参数
   B. 按值传递引用类型参数
   C. 按引用传递值类型参数
   D. 按引用传递引用类型参数

4. 关于委托，下列说法正确的是（　　）。

A. 委托是函数指针

B. 委托是值类型

C. 委托可以封装方法

D. 委托不能被实例化

5. 如果定义了如下的一个委托类型，

```
public  delegate  int  Compare(string a , int b);
```

则下列定义的方法中，（　　）方法能被该委托封装。

A. string　f(string s,int a){//略}

B. int　f(int b,string a){//略}

C. int　f(ref string a,ref int) {//略}

D. int　f(string s,int i) {//略}

6. 下列关于事件说法错误的一种是（　　）。

A. 事件必须跟某个委托相关联

B. 事件在.NET 编程中广泛存在

C. 用户可以自定义事件委托

D. 不能取消事件的订阅

三、综合题

1. 数组主要应用在哪些场合？

2. 在创建数组和初始化数组元素时，有哪 3 种比较常用的方法？

3. 如果要对一个二维整型数组指定的一行进行排序，该如何实现？

4. 如果想让某个方法返回多个结果，常用的方式有哪几种？各有什么优缺点？

5. 委托主要应用在哪些场合？使用委托的一般步骤是什么？

6. 有人说，事件和委托可有可无，因为不需要事件和委托，直接调用方法也能达到同样的效果。你认为该说法正确吗？说明理由。

第6章 接口和抽象类

学习目标

- 使用接口定义多个类的规范并在类中实现接口
- 使用抽象类定义所有派生类的公共定义，并在派生类中实现抽象成员

6.1 接口

在现实生活中可以将开关比喻成接口，按照国家相关标准，定义开关至少具有两个功能：切断电源和接通电源。关于如何具体设计来实现这两项功能则是由生产企业决定的，此时可以将国家标准比作接口，生产企业比作实现接口的类。因此，接口可以理解为对类实现的功能的描述，它是一个定义好的规范。接口仅提供功能的描述，不提供具体实现。程序开发人员利用类来实现这些接口并完成接口提供的功能。

在 C#中，类不允许多重继承，只允许单继承。而一个类或者结构可以实现多个接口，从而使类可以从一个类继承并且可以实现多个接口。因此，从类可以继承多个接口这个角度来看，C#中的类是具有多继承机制的。

6.1.1 接口的定义和实现

【学一学】

1. 接口的定义

C#中，接口也是一种数据类型，所以对接口的定义相当于定义一个新的数据类型，接口定义的语法格式如下。

```
[接口修饰符]  interface 接口名
{
```

```
    接口的成员;
}
```

其中接口修饰符跟普通的类的修饰符含义一致，可以为 public 和 internal。 interface 是接口定义的关键字，接口名是符合 C#语法的标识符，一般接口名以 "I"开头。接口的成员只可以是属性、方法、事件或者索引，只是说明而没有实现，并且不允许含有数据成员变量、构造函数、析构函数或静态成员。接口中的成员默认被声明为 public，在成员前不得加任何访问修饰符。

下列代码是一个定义接口的示例。

```
interface IPict                //定义了一个名为 IPict 的接口，该接口有两个成员
{
    int Sides(get; );          //定义一个属性成员 Sides，来读取图形的边数
    float Area( );             //定义一个方法成员 Area，该方法返回图形的面积
}
```

从上述代码中可以看到，接口 IPict 的两个成员仅有定义而没有实现，它告诉实现该接口的类或结构必须实现属性 Sides 和方法 Area。

2. 接口的实现

类或者结构如果要实现接口，则要在定义的类名或结构名后添加冒号和接口名；如果要实现多个接口，则接口名依次列出，中间用逗号分开，接口名的前后次序没有要求。当一个类既要继承一个基类又要实现接口时，基类放在所有接口的前面。

类实现接口的语法格式如下。

```
[类访问修饰符] class 类名:[基类,]接口名列表
{
    ......
    类实现接口的代码;
    ......
}
```

下面的类 Rect 实现了上述接口 IPict。

```
class Rect : IPict             //表示类 Rect 必须实现接口 IPict
{
    int width, height;         //定义类的两个私有成员，表示矩形的宽和高
    public Rect(int w, int h)
    {
        w = width;
        h = height;
    }
    public float Area()        //实现接口 IPict 中定义的方法 Area，返回矩形的面积
    {
        return width * height;
    }
    public  int Sides          //实现接口 IPict 中定义的属性 Sides，得到图形的边数
    {
      get
      {
          return 4;
      }
    }
}
```

在定义完 Rect 类后，就可以像普通类一样创建类的实例，然后通过实例访问实现的方法 Area 和属性 Sides。

在接口定义完以后，虽然不能对接口实例化，但是可以声明接口类型的实例，此时可以将实现该接口的类的对象引用赋给接口类型实例，通过该实例访问接口中的成员，间接调用类实现接口的成员。下列代码就是将类的对象赋值给接口实例，并访问实例的成员。

```
public void InterfaceInstance()
{
    IPict ipict;                              //声明接口实例
    ipict = new Rect(5, 4);                   //接口实例引用 Rect 对象
    Console.WriteLine(ipict.Area()); //通过接口调用类实现的成员方法
    Console.WriteLine(ipict.Sides);  //通过接口调用类实现的成员属性
}
```

6.1.2　显式接口

一般情况下，如果类实现了一个接口，则可以通过类的实例访问该类实现的接口成员。但有些情况比较复杂，例如，一个类同时实现两个接口，这两个接口中都声明了同名的方法，此时在类实现接口成员时，就必须在成员前加上相关的接口名，来指明该成员属于哪个接口，这种情况称为显式接口。在访问显式接口的成员时，不能通过类实例，只能通过接口实例来访问。

例如，下列两个接口 IStuReg、IStaffReg 都声明了具有相同方法签名的方法 Register。

```
interface IStuReg                             //学生注册接口
{
   void Register(string name,int age,int no);
}
interface IStaffReg                           //职员注册接口
{
   void Register(string name,int age,int no);
}
```

下列类 Trainee 表示一个实习生类，该类实现了上述两个接口。

```
class Trainee : IStaffReg, IStuReg
{
   string name;
   int age;
   int stuno;
   int workno;
   //以下代码用来实现接口 IStaffReg 中的 Register 方法
   void IStaffReg.Register(string name, int age, int no)
   {
      name = name;
      age = age;
      workno = no;
   }
   //以下代码用来实现接口 IStuReg 中的 Register 方法
   void IStuReg.Register(string name, int age, int no)
   {
      name = name;
      age = age;
```

```
        stuno = no;
    }
}
```

如果要调用实习生类 Trainee 中的 Register 方法，则必须通过接口实例访问这些方法，如下列代码所示。

```
static void Main(string[] args)
{
    IStuReg obj1 = new Trainee();    //使接口 IStuReg 类型的实例 obj1 引用 Trainee 实例
    obj1.Register("lisi", 30, 3210);//调用 Trainee 类实现的 IStuReg 接口中的 Register 方法
    IStaffReg obj2 = new Trainee();
    obj2.Register("zhangsan", 30, 3320);
}
```

6.1.3 接口作为参数和返回值

在 C#中，可以将接口作为方法的参数或返回值来使用。当接口作为方法的参数时，表明对应的参数应该是实现该接口的一个类的实例，例如，集合类 System.Collections.ArrayList 中方法 BinarySearch 的一个重载形式就将接口作为参数来使用，该方法的一个原型如下。

```
public virtual int BinarySearch (Object value, IComparer comparer);
```

而接口作为方法的返回值时，表明该方法返回一个实现该接口的类的实例，例如，集合类 System.Collections.HashTable 中的方法 GetEnumerator 有如下一种原型。

```
public virtual IDictionaryEnumerator GetEnumerator ();
```

【试一试】

任务 6.1

定义一个教师晋升职称后提高工资的接口和一个员工类（说明：每个员工都有姓名、工号和薪水)，再定义一个教授类和一个讲师类，他们分别继承员工类和实现接口，并能调用各自的方法 Print 输出教授或讲师的姓名、工号和薪水。

解决思路

（1）定义晋升接口 IPromote，该接口中声明一个方法 Promote。

（2）定义类 Employee。

（3）定义类 Professor，该类继承类 Employee、实现接口 IPromote，并添加方法 Print。

（4）定义类 Lecturer，该类继承类 Employee、实现接口 IPromote，并添加方法 Print。

（5）在主方法 Main 中创建类 Professor 和 Lecturer 的实例，并调用方法 Promote 和 Print 来提高工资并输出教授和讲师的基本信息。

完成步骤

（1）创建一个名为 Chapter6_1 的控制台应用程序。

（2）在项目中添加一个接口文件 IPromote.cs，接口 IPromote 定义如下。

```
interface IPromote
{
    void Promote();
}
```

（3）在项目中添加一个类文件 Employee.cs，类 Employee 的内容如下。

```
class Employee//员工类
```

```
{
    protected string name;            //姓名
    protected string no;              //工号
    protected float salary;           //薪水

    protected Employee(string name,string no,float salary)
    {
        this.name = name;
        this.no = no;
        this.salary = salary;
    }
}
```

（4）在项目中添加一个类文件 Professor.cs，类 Professor 的内容如下。

```
class Professor : Employee, IPromote
{
    public Professor(string name,string no, float salary)
        : base(name,no,salary)            //调用基类的构造函数
    {
        this.name =name;
        this.no = no;
        this.salary = salary;
    }

                                          //实现接口 IPromote 中声明的方法 Promote
    public void Promote()
    {
        salary *= 2;
    }

    public void Print()                   //输出教授的基本信息
    {
        Console.WriteLine("教授姓名：{0}，工号：{1}，薪水￥：{2}", name,no,salary);
    }
}
```

（5）在项目中添加一个类文件 Lecturer.cs，类 Lecturer 的内容如下。

```
class Lecturer : Employee, IPromote
{
    public Lecturer(string name, string no, float salary)
        : base(name,no,salary)            //调用基类的构造函数
    {
        this.name =name;
        this.no = no;
        this.salary = salary;
    }

                                          //实现接口 IPromote 中声明的方法 Promote
    public void Promote()
    {
        salary *= 1.4f;
    }

    public void Print()                   //输出讲师的基本信息
```

```
    {
        Console.WriteLine("讲师姓名：{0}，工号：{1}，薪水￥：{2}", name,no,salary);
    }
}
```

（6）在主方法 Main 中编写如下代码，创建类 Professor 和 Lecturer 的实例，并分别调用各自的方法 Promote 和 Print，来提高薪水和输出员工的基本信息。

```
static void Main(string[] args)
{
    Professor liyang = new Professor("李杨","001",2500);
    Lecturer zhanghui = new Lecturer("张辉","002",2500);
    liyang.Promote();
    zhanghui.Promote();
    liyang.Print();
    zhanghui.Print();
}
```

（7）编译和执行程序。执行程序后，运行结果如图 6.1 所示。

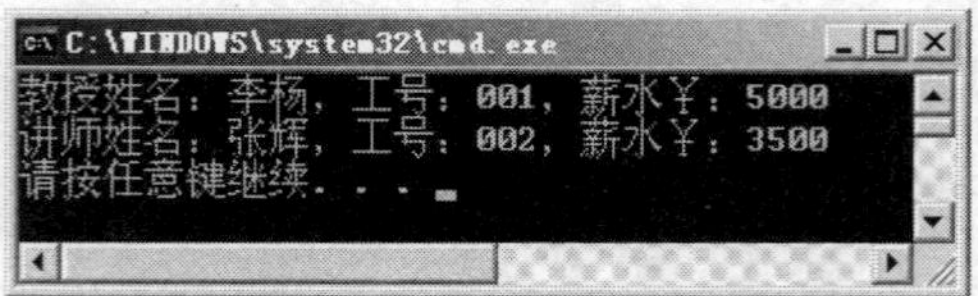

图 6.1　输出教授和讲师的基本信息

6.2　抽象类

继承是面向对象程序设计的重要特征之一，在大型程序设计时，往往需要提供一个合适的基类，以派生若干其他的类；通过这样一个合适的基类，减少代码对特定基类的依赖程度，这时，就要用到抽象类。

6.2.1　抽象类的定义

【学一学】

抽象类的主要作用是提供公共定义供派生类共享。抽象类的公共成员只有通过派生类的对象才能访问，抽象类是不能被实例化的。定义一个抽象类很简单，只需要在定义类的关键字 class 之前添加 abstract 就可以了，如下所示。

```
[访问修饰符] abstract class 类名
{//类成员}
```

抽象类可以包含抽象方法，所谓抽象方法是指声明方法时，在方法返回类型的前面添加关键字 abstract，该方法就称为抽象方法。其语法格式如下。

```
访问修饰符 abstract 返回类型 方法（参数列表）;
```

抽象方法不需要实现，即不需要写方法体。而抽象类的派生类必须实现所有抽象方法。如果一个类含有一个或一个以上的抽象成员（抽象方法或抽象属性），则该类必须定义为抽象类。

在抽象类中，既可包含一般方法，也可包含抽象方法，但须注意的是，抽象类可以不包含抽象成员。以下代码定义了一个抽象类 Animal，该类既包含一般方法 Eat，也包含抽象方法 Run。

```
public abstract class Animal        //定义抽象类 Animal
{
    protected float length;         //身高
    protected float weight;         //体重
    protected Animal(float length, float weight)
    {
        this.length = length;
        this.weight = weight;
    }

    public void Eat()
    {
        Console.WriteLine("动物都要吃食物！");
    }

    public abstract void Run();     //表示动物奔跑的抽象方法
}
```

6.2.2 抽象类的实现

抽象类中的抽象方法或属性只有声明，而没有实现，在派生类中必须重写该方法或属性。重写抽象方法或属性时，要用到关键字 override。下列类 Dog 就实现了上述抽象类 Animal 的抽象方法 Run。

```
public class Dog : Animal
{
    public Dog(float length, float weight)
        : base(length, weight)
    {
        this.length = length;
        this.weight = weight;
    }

    public override void Run()      //使用 override 关键字重写抽象类的抽象方法 Run
    {
        Console.WriteLine("狗会用 4 条腿奔跑！");
    }
}
```

重写抽象类中的方法后，就可以创建一个派生类的对象，来访问抽象方法的具体实现，如下列代码所示。

```
Dog dog = new Dog(12.5f,56.4f);
dog.Run();
```

抽象类虽然不能实例化，但可以像接口一样声明抽象类实例，让其引用派生类的实例，然后通过抽象类实例调用其派生类的抽象方法的具体实现，如下列代码所示。

```
Animal animal = new Dog(12,30);
animal.Run();
```

除了在抽象类中定义抽象方法外，还可以定义抽象属性。关于属性的知识将在第 7 章进行介绍。抽象类不提供抽象属性的实现，只声明该类支持哪些属性，这些属性可以是只读、只写或可读写的，抽象属性的实现由派生类负责。抽象属性的定义和实现与抽象方法基本相同，在此不再赘述。

6.2.3 接口与抽象类的比较

接口是一种数据类型，是一种特殊的类，抽象类也是一种特殊的类，它们具有类的一些特性。表 6.1 对两者做了一些比较，以便加深理解和灵活运用它们。

表 6.1　接口和抽象类的比较

相 同 点	不 同 点
都属于引用类型的数据，是一种特殊的类	抽象类是由相似对象抽象而成的类，而接口只是一个行为的规范或规定
都不能实例化，必须在派生类中实现	一个类可以实现多个接口,但是只能从一个父类中派生，其中包括抽象类
都可以包含未实现的方法声明和属性声明	抽象类既包含可变部分又包含不可变部分，但接口仅定义了可变部分
两者的派生类都必须实现它们的声明，派生类实现抽象类的抽象方法和抽象属性，而对于接口而言，则要实现它的所有成员	如果要创建组件的多个版本，则应该创建抽象类；如果创建的功能在所有对象中使用，则应该创建接口

【试一试】

任务 6.2

在某企业中，员工薪水的计算方法是不同的。例如，销售人员的工资是员工基本工资加提成，管理人员的工资是基数乘以级别系数。现要求定义一个抽象的员工类和两个派生类来解决上述问题。其中抽象类包含一个用于计算员工薪水的抽象方法 Earning 和一个输出员工薪水的一般方法 Print。

解决思路

（1）定义抽象类 Employee。

（2）定义派生自抽象类 Employee 的销售员类 Seller。

（3）定义派生自抽象类 Employee 的管理人员类 Manager。

（4）在主方法中分别创建类 Seller、Manager 的实例，计算薪水和输出结果。

完成步骤

（1）创建一个名为 Chapter6_2 的控制台应用程序。

（2）在项目中添加一个类文件 Employee.cs，抽象类 Employee 的定义如下。

```
abstract class Employee
{
    protected string name,no;                                   //员工姓名和工号
    protected float salary;                                     //员工薪水

    protected Employee(string name,string no,float salary)      //构造函数
    {
        this.name = name;
```

```
        this.no = no;
        this.salary = salary;
    }
    abstract public void Earning(); //计算薪水的抽象方法
    public void Print()              //输出员工的信息
    {
        Console.WriteLine("{0}的工号是：{1}，薪水总计为：{2}", name,no,salary);
    }

}
```

（3）在项目中添加一个类文件 Seller.cs，类 Seller 的定义如下。

```
class Seller : Employee              //派生自类 Employee
{
    float rate;                      //提成比例
    float sale;                      //销售总额
    public Seller(string name,string no,float salary,float sale,float rate)
        : base(name,no,salary)
    {
        this.name = name;
        this.no=no;
        this.salary = salary;
        this.rate = rate;
        this.sale = sale;
    }

    public override void Earning()  //重写抽象方法 Earning
    {
        salary += (sale - 5000) * rate;
    }
}
```

（4）在项目中添加一个类文件 Manager.cs，类 Manager 的定义如下。

```
class Manager : Employee             //派生自类 Employee
{
    float level;                     //薪水级别系数
    public Manager(string name,string no,float salary,float level)
        : base(name,no,salary)
    {
        this.name = name;
        this.no = no;
        this.salary = salary;
        this.level = level;
    }
    public override void Earning()  //重写抽象方法
    {
        salary *=level;
    }
}
```

该类的定义与类 Seller 基本相同，不同之处是计算薪水的方法不同，该类人员没有销售提成，只有薪水级别系数。

（5）在主方法 Main 中编写如下代码，分别创建类 Seller、Manager 的实例，调用方法 Earning 和 Print 来计算薪水和输出员工的基本信息。

```
static void Main(string[] args)
{
    Seller huanghua = new Seller("黄华", "001", 1000, 20000, 0.1f);
    Manager liye = new Manager("李晔","002",1000,3.5f);
    huanghua.Earning();
    liye.Earning();
    huanghua.Print();
    liye.Print();
}
```

执行程序，运行结果如图 6.2 所示。

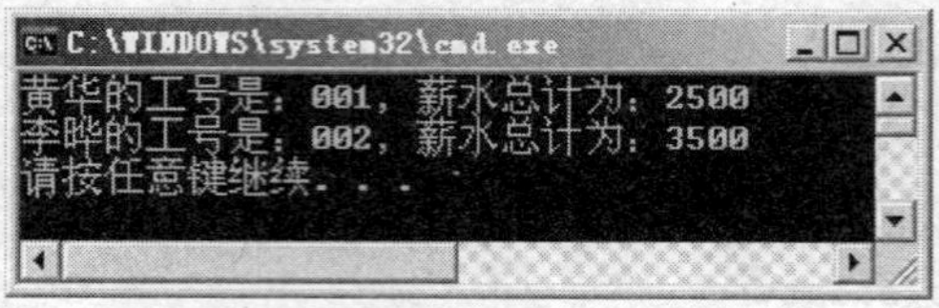

图 6.2　员工的基本信息

本章小结

本章介绍了 C#面向对象编程的两个重要概念：接口和抽象类。接口是一个行为的规范或规定，它只有成员的说明而没有具体实现，实现接口的类必须实现接口中的所有成员。在类实现多个接口时，如果这些接口中有同名成员，则必须显式实现。接口作为参数或返回值时，传递或返回的是实现该接口的类的实例。抽象类是相似对象抽象而成的类，它包含了所有派生类的共有成员，其中可以包含抽象方法和抽象属性，抽象类的派生类除了继承抽象类的成员之外，还必须同时实现抽象类的抽象成员。

练一练

任务 6.3

在中学、大学里都要推荐优秀的学生，中学生推荐上好大学，而优秀大学生推荐好工作。试定义一个优秀学生推荐接口 IRecommend 和一个学生类 Student；新建一个中学生类 MidStudent 和一个大学生类 ColStudent，这两个类都派生自类 Student，且实现接口 IRecommend。

操作要求

（1）创建一个名为 Chapter6_3 的控制台应用程序。

（2）在项目中添加一个类文件来定义接口 IRecommend。接口中声明的方法如下。

```
void Recommend(string destination);
```

（3）添加一个类文件来定义类 Student。类的成员变量如下。

```
protected string name;      //姓名
protected int age;          //年龄
protected string degree;    //学历
```

类的构造函数和一个一般的方法的原型如下。

```
protected Student(string name, int age, string degree)
public void PrintTitle()
```

（4）添加一个类文件来定义类 MidStudent，该类派生自类 Student，且实现接口 IRecommend。类 MidStudent 中定义了一个如下成员变量。

```
string colleage;
```

实现接口方法 Recommend 的代码如下。

```
public void Recommend(string destination) //实现接口方法 Recommend
{
    colleage=destination;
    Console.WriteLine("{0}    {1}    {2}    {3}",name,age,degree,colleage);
}
```

（5）添加一个类文件来定义类 ColStudent，该类派生自类 Student，且实现接口 IRecommend。类 ColStudent 中定义了一个如下成员变量。

```
string job;
```

实现接口方法 Recommend 的代码如下。

```
public void Recommend(string destination) //实现接口方法 Recommend
{
    job = destination;
    Console.WriteLine("{0}    {1}    {2}    {3}", name, age, degree, job);
}
```

（6）在主方法 Main 中创建类 MidStudent、ColStudent 的实例，测试结果。

执行结果

按“Ctrl+F5”组合键执行程序，运行结果如图 6.3 所示。

任务 6.4

任何图形都有它的周长和面积，但不同形状图形的名称、周长和面积的计算方法是不一样的。试定义一个抽象的图形类 Shape，用来派生出圆类 Circle。在圆类 Circle 中为图形命名，并实现计算周长和面积的方法。

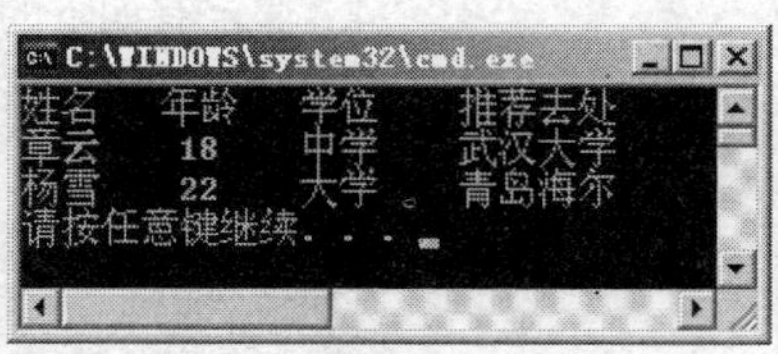

图 6.3　推荐学生的信息

操作要求

（1）创建一个名为 Chapter6_4 的控制台应用程序。

（2）在项目中添加一个类文件 Shape.cs，抽象类 Shape 包含以下成员。

```
protected string name;
public abstract double Girth();
public abstract double Area();
```

（3）在项目中添加一个类文件 Circle.cs，类 Circle 派生自类 Shape。在类 Circle 中定义如下成员，并实现类 Shape 中的抽象方法。

```
const double PI=3.14;
```

```
double r;
public string ShowName()
{
   return name;
}
```

(4) 在主方法 Main 中输出图形 Circle 的名称、周长和面积。

执行结果

执行程序，运行结果如图 6.4 所示。

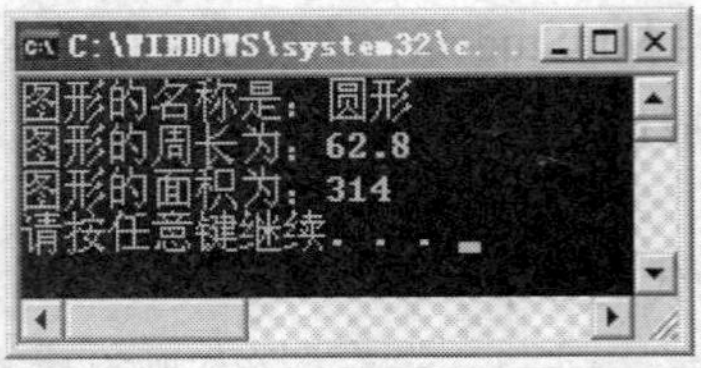

图 6.4　输出图形 Circle 的名称、周长和面积

习题 6

一、填空题

1. ________是一个定义好的规范，它仅提供功能的描述，不提供具体实现。类或者结构与接口为________关系。

2. 接口与抽象类两者都可以包含未实现的________声明和________声明，但都不能________。

3. 一个类可以实现多个________，但是只能从一个________中派生，其中就包括抽象类。

4. 假定有如下的接口和类定义。

```
interface IA
{
   void Paint();
}
interface IB
{
   void Paint();
}
public class SampleClass : IA, IB
{
   void IA.Paint()
   {
      System.Console.WriteLine("IA.Paint");
   }
   void IB.Paint()
   {
```

```
        System.Console.WriteLine("IB.Paint");
    }
}
```

则下列代码的执行结果是________。

```
SampleClass obj = new SampleClass();
IA c = (IA)obj;
c.Paint();
IB s = (IB)obj;
s.Paint();
```

5. 假定有如下类的定义。

```
public abstract class A
{
    protected int a;
    public abstract void DoWork();
}
public class B:A
{
  public B(int a)
  {this.a=a;}
  public B()
  {this.a=0;}
  public override void DoWork()
  {Console.WriteLine(a);}
}
```

则下列代码的执行结果是________。

```
A a = new B();
a.DoWork();
B b = (B)a;
b.DoWork();
b = new B(3);
b.DoWork();
```

二、选择题

1. 以下说法正确的是（　　）。

   A. 接口可以实例化　　B. 类只能实现一个接口

   C. 接口的成员都必须是未实现的　　D. 接口的成员前面可以加访问修饰符

2. 以下关于接口的说法错误的是（　　）。

   A. 接口可以作为方法参数　　B. 接口可以作为方法返回值

   C. 接口不可以引用实现接口的类的实例　　D. 实现多个接口相当于实现了多重继承

3. 下列关于抽象类的说法错误的是（　　）。

   A. 抽象类可以实例化　　B. 抽象类可以包含抽象方法

   C. 抽象类可以包含抽象属性　　D. 抽象类可以引用派生类的实例

4. 下列关于接口与抽象类的说法，错误的是（　　）。

   A. 接口与抽象类可以完全替代

   B. 一个类同时继承抽象类和接口时，抽象类应位于接口的前面

   C. 抽象类可以定义派生类公有的成员

   D. 接口中不能定义成员变量

5. 关于IComparer接口的说法，错误的是（　　）。

A. 该接口在命名空间 System.IO 中定义

B. 该接口含有一个方法 int Compare (Object x,Object y);

C. Array.Sort 方法的一个重载形式可以传递 IComparer 接口参数

D. 实现 IComparer 接口的类可以自定义比较方法

三、综合题

1. 接口作为参数和返回值各自的含义是什么，试举例说明。

2. 简述接口与抽象类的区别和联系。

3. 参照任务 6.4，定义一个实现抽象类 Shape 的派生类 Rectangle（矩形），并输出类 Rectangle 的名称、周长和面积。

4. 类 Array 中的 Sort 方法默认的情况是对数组进行升序排序，试编程使用 Sort 方法的一个重载形式：public static void Sort (Array array, IComparer comparer)来实现该方法的降序排序功能。

提示：上述 Sort 方法中的 IComparer 接口的定义如下。

```
public interface IComparer
{
    int Compare (Object x,Object y);
}
```

方法 Compare 用于比较两个对象，该方法的功能描述：如果对象 x 小于对象 y，则返回一个负整数；如果对象 x 等于对象 y，则返回 0；如果对象 x 大于对象 y，则返回一个正整数。因此只要自定义一个类来实现接口 IComparer，实现方法 Compare 时，定义如果对象 x 小于对象 y，则返回一个正整数；如果对象 x 等于对象 y，则返回 0；如果对象 x 大于对象 y，则返回一个负整数，这样也就实现了 Sort 方法的降序排序功能。

5. 某公司有 3 类员工：经理、普通工人和销售人员。他们的薪水的计算方法如下。

经理：固定月薪+奖金。

普通工人：固定月薪+加班费（加班小时数×每小时酬金）。

销售人员：固定月薪+销售提成（销售总额×提成率）。

试设计一个雇员抽象类 Employee，以及实现抽象类的经理类 Manager、普通工人类 Worker 和销售人员类 Seller，并计算各类人员的薪水。

第7章 封装

学习目标

- 使用类封装数据和方法
- 使用对象合理隐藏对象的内部细节
- 使用属性安全访问对象或类的特性

7.1 类和对象的封装性

封装现象在现实生活中处处可见，如电视、计算机等生活用品，用户没有必要知道它们具体实现的细节，只需根据它们提供的一些接口来正确使用就可以了。在 C#中，类就是一种很好的代码封装形式。

7.1.1 类的封装性

【学一学】

在面向过程的编程语言中，为了提高代码的独立性和复用程度，通常以函数作为编程单元。而在面向对象的编程语言中，编程单元不是函数，而是类。通过类这样一种代码的组织形式，来封装属于类的数据和操作。类对外不是开放的，外界只能通过类自己提供的接口来访问类，用户不必知道类的内部细节，整个应用程序由若干不同的类组成。

【试一试】

任务 7.1

在控制台窗口输出学生的学号、姓名、性别等基本信息。

解决思路

（1）在主方法 Main 中提示输入学生学号、姓名和性别等数据。

（2）输出学生基本信息。

完成步骤

（1）创建一个名为 Chapter7_1 的控制台应用程序。

（2）在类 Program 的 Main 方法中编写如下代码。

```
class Program
{
    static void Main(string[] args)
    {
        string studId, studName, sex;//声明变量
        Console.Write("请输入学号：");
        studId = Console.ReadLine();
        Console.Write("请输入姓名：");
        studName = Console.ReadLine();
        Console.Write("请输入性别：");
        sex = Console.ReadLine();
        Console.WriteLine("学生的学号是：{0}，姓名：{1}，性别：{2}",
            studId, studName, sex);
    }
}
```

很显然，采用以上编程形式来输出学生信息的做法是有问题的，主要原因如下。

（1）这种编程思路不符合信息隐蔽或透明原则。学生的信息应该包含在一个明确的范围内，不应该允许外界对它进行随便访问。这里的透明是指类的具体数据像空气一样是透明的、是看不见的。

（2）由于学生的数据没有被封装起来，任何方法都可以对它们进行访问，无形中就难免会出现错误。图 7.1 所示的运行结果中，性别“南”显然不符合实际情况。

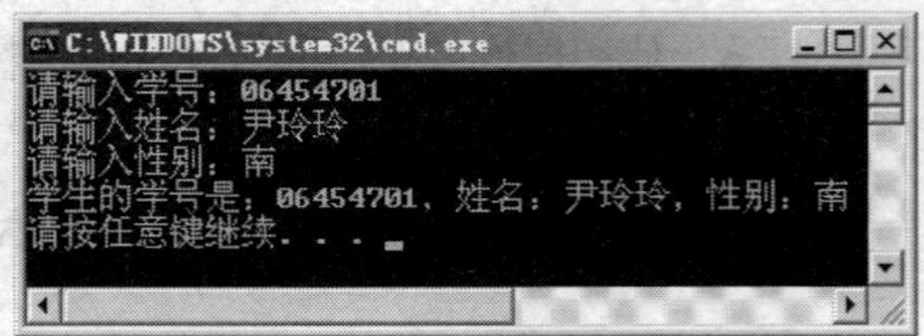

图 7.1　程序的运行结果

因此，要对上述程序进行改造，既要达到封装学生数据的目的，又要满足用户获取学生信息的要求。为此定义一个如下的学生类。

```
class Student
{
    string studId, studName, sex;                           //声明字段
    public Student(string studId,string studName,string sex)  //带参数的构造函数
    {
        this.studId = studId;
        this.studName = studName;
        this.sex = sex == "m" ? "男" : "女";
    }

    public void SayMessage()                                 //输出学生信息
    {
        Console.WriteLine("学生的学号是：{0}，姓名：{1}，性别：{2}", studId,
            studName, sex);
    }
}
```

由上述定义的类 Student 不难看出，只有在用户实例化学生的时候，才能通过类的构造函数来访问学生的数据。要获取学生的基本信息，也只能通过类内部定义的方法 SayMessage 来完成，

以实现对学生的封装和安全访问的目的。

把上述 Main 方法改写为以下内容，来输出学生的基本信息。

```
static void Main(string[] args)
{
    //调用学生类来输出学生信息
    Student student = new Student("06454701", "尹玲玲", "w");
    student.SayMessage();
}
```

执行程序，运行结果如图 7.2 所示。

图 7.2　程序的运行结果

7.1.2　对象的封装性

【学一学】

类是一种数据类型，对象是类的实现，本质上是类的一种变量。对象一旦创建，就具有了类定义中的所有成员数据和方法，也具有类的封装特性。有时虽然对象可以创建，但对对象的访问是有限制的。这种访问的程度由类中的关键字（如 private、public、protected、internal 等)和具体的操作定义来控制。

【试一试】

任务 7.2

定义一个 Human 类，创建该类的两个对象 Mary 和 John，如果对象是男性，他可以公开他的姓名、年龄和职业。如果是女性，她只能公开她的姓名和职业。

解决思路

（1）定义类 Human。该类包含姓名、年龄和职业等数据字段，以及公开个人情况的操作。

（2）在主方法 Main 中创建对象，依次输出各对象的个人情况。

完成步骤

（1）创建一个名为 Chapter7_2 的控制台应用程序。

（2）定义类 Human，类文件 Human.cs 的内容如下。

```
class Human
{
    string name, sex, profession;//声明字段
    int age;
    public Human(string name,string sex,int age,string profession)
    {
        this.name = name;
        this.sex = sex=="男"?sex:"女";
        this.age = age;
        this.profession = profession;
    }
```

```
    public void PersonalInfo()//输出个人情况
    {
        if(sex!="女")
            Console.WriteLine("我叫：{0}，年龄：{1}，职业是：{2}",name,age,profession);
        else
            Console.WriteLine("我叫：{0}，职业是：{1}", name,profession);
    }
}
```

由此可见，由类 Human 实例化的对象具有了在类中定义的数据和操作，并天生具有类赐予的封装性。因此在通过方法 PersonalInfo 输出对象的个人情况时，外界是不能直接干预对象的内部数据的，只能由对象本身根据自己的实际情况来提供信息。

（3）在主方法 Main 中编写如下代码，以输出各对象的个人情况。

```
static void Main(string[] args)
{
    Human mary = new Human("玛丽","女",35,"银行职员");
    Human john = new Human("约翰","男",30,"高校教师");
    mary.PersonalInfo();
    john.PersonalInfo();
}
```

执行程序，运行结果如图 7.3 所示。

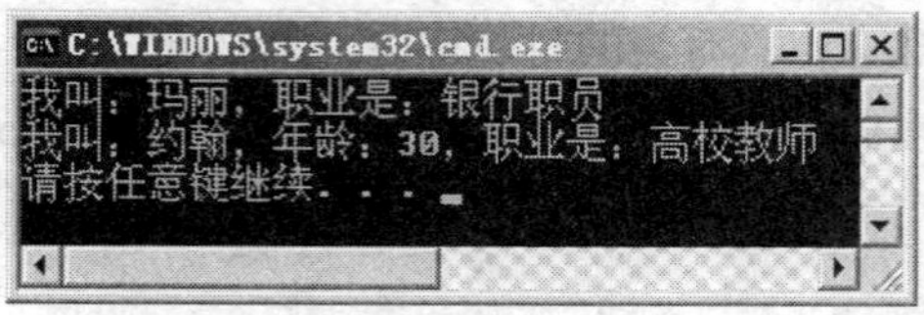

图 7.3　程序的执行结果

7.2 属性的封装性

【学一学】

属性是 C＃提供的一种访问数据的机制，它具有类似方法的访问数据的能力。属性属于类的成员，它是对变量成员的一种扩展，专门用来对属性值进行读写操作。定义属性的代码格式如下。

```
[修饰符] 数据类型 属性名
{
    get
    {
        ……
    }
    set
    {
        ……
    }
}
```

其中修饰符可以是 public、static、protected 等，但由于属性提供一种访问类中变量的途径，因此属性的修饰符通常为 public。数据类型可以是任何一种数据类型，它表示属性值的类型，与要操作的成员字段的类型必须一致。

get 和 set 称为访问器，get 用于向外界返回属性的值，set 用于设置属性的值。

【试一试】

任务 7.3

定义一个职工 Employee 类，通过属性分别访问职工的姓名、工号和基本工资。

解决思路

（1）在项目中添加一个类 Employee，并在该类中定义私有的成员字段。

（2）利用 VS 提供的封装字段功能创建各属性。

（3）输出各属性的值。

完成步骤

（1）创建一个名为 Chapter7_3 的控制台应用程序。

（2）向项目中添加一个类 Employee，类文件 Employee.cs 的内容如下。

```
class Employee
{
   private string name;
   private string empId;
   private float salary;
}
```

（3）利用 VS 提供的封装字段功能创建各属性。将光标定位在定义字段 name 的行，单击鼠标右键，弹出如图 7.4 所示的快捷菜单。单击“重构”→“封装字段”菜单项，向类中添加一个属性 Name。采用相同的步骤，依次添加属性 EmpId 和 Salary。

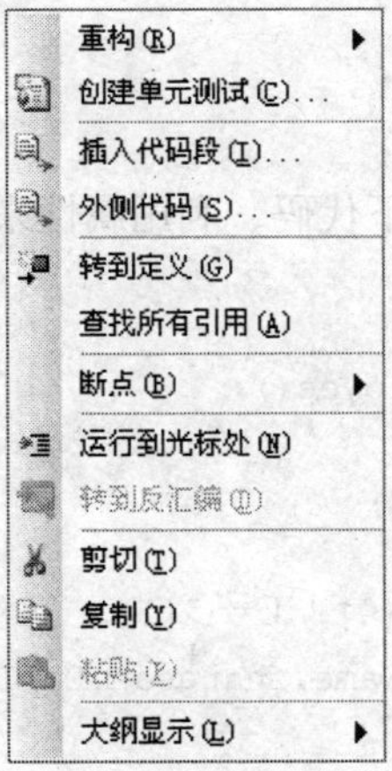

图 7.4 添加属性的快捷菜单

添加完属性后类 Employee 的内容如下。

```
class Employee
{
   private string name;
   private string empId;
   private float salary;

   public string Name
   {
      get { return name; }
      set { name = value; }
   }
```

```
    public string EmpId
    {
        get { return empId; }
        set { empId = value; }
    }

    public float Salary
    {
        get { return salary; }
        set { salary = value; }
    }
}
```

由上述属性 Name 的定义不难看出，通过属性 Name 的 get 访问器返回私有成员字段 name 的值，通过属性 Name 的 set 访问器将隐含变量 value 赋值给字段 name。虽然私有成员 name 的访问范围只限于类 Employee 内部，但可以通过属性 Name 来实现从外部对类内部的私有成员数据进行访问，这也就体现了程序设计的封装性。

属性除了能实现对成员数据的封装外，还能根据实际情况避免非法操作，进一步达到保护成员数据的目的。如实际职工的基本工资不能少于 500，则可以将上述的属性 Salary 重新定义如下。

```
public float Salary
{
    get { return salary; }
    set {
        if (value < 500)
            salary = 500;
        else
            salary = value;
        }
}
```

（4）最后在主方法 Main 中编写如下代码，利用属性来读写职工基本数据。

```
static void Main(string[] args)
{
    Employee zhangsan = new Employee();
    zhangsan.Name = "张三";
    zhangsan.EmpId = "103061035";
    zhangsan.Salary = 800;
    Console.WriteLine("职工姓名：{0}，工号：{1}，
      基本工资：{2}。",zhangsan.Name,zhangsan.EmpId,zhangsan.Salary);
}
```

执行程序，运行的结果如图 7.5 所示。

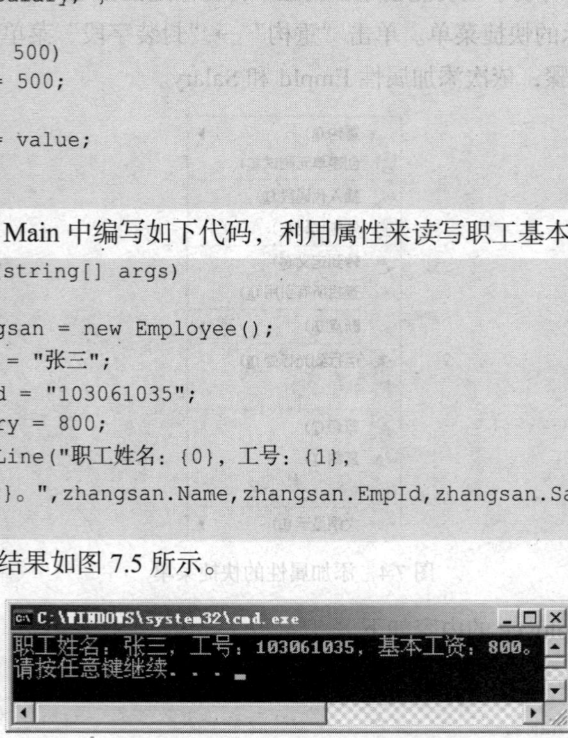

图 7.5　程序的执行结果

说明　一个属性并不一定同时具有 get 和 set 访问器。在属性的定义过程中，如果只有 get 部分，则表示该属性只读；如果只有 set 访问器，则表示该属性只写。当然，如果属性只写而不能读，是没有多大意义的，因此一般不定义只写的属性。如果一个属性既有 get 访问器，又有 set 访问器，则表示该属性既可读，又可写。

本章小结

本章从类的封装性、对象的封装性和属性的封装性 3 个方面，对面向对象的封装特性进行了应用举例。在 C＃语言中，类的封装性是程序设计的基础和核心，通过封装好的类来实现数据隐藏和避免非法访问，同时也提高了程序的可维护性和移植性。因此，类的封装性是一个优秀的面向对象程序设计所必备的特征。对象是类的实现，因此对象天生具有封装性，由它来执行类定义的操作，处理类定义的数据。属性是对成员字段的一种封装，也是一个访问成员字段的简单接口，能通过属性来读写类的内部数据，而不允许从外面直接改变类的内部数据。

练一练

任务 7.4

定义一个身份证类 IdCard，通过该类来验证 18 位身份证号码的有效性和判断主人的性别。（说明：身份证号码的前 17 位为数字，最后一位为数字或字符'X'；第 17 位为奇数表示性别为男，为偶数表示性别为女。）

操作要求

（1）创建一个名称为 Chapter7_4 的控制台应用程序。

（2）向项目中添加一个新类 IdCard，并定义以下成员字段。

```
private string idNumber;//身份证号码字段
```

（3）在类 IdCard 中添加一个构造函数，提示用户输入身份证号码。构造函数的原型如下。

```
public IdCard()
```

（4）在类 IdCard 中添加方法 ValidateIdCard，来验证号码的有效性。方法 ValidateIdCard 的原型如下。

```
public bool ValidateIdCard()
```

上述方法验证成功返回 true，验证失败返回 false，并输出"号码格式不对!"的提示信息。

（5）在类 IdCard 中添加方法 ShowSex，判断主人的性别。如果号码验证成功，则输出主人的性别，否则不做处理。

（6）在程序的主方法 Main 中创建类 IdCard 的一个实例，并调用实例的方法 ShowSex 来验证号码和判断主人的性别。

执行结果

运行程序，提示输入身份证号码，如果号码正确，则输出主人的性别，如图 7.6 所示；否则输出如图 7.7 所示的错误提示。

任务 7.5

定义一个书类 Book，要求一旦实例化一本书后，外界只能更改此书的价格，而不能修改书的其他基本数据；外界只能通过类的方法来获取书的基本信息。

图 7.6　号码验证成功后输出主人的性别

图 7.7　号码验证失败后输出的提示信息

操作要求

（1）新建一个名为 Chapter7_5 的控制台应用程序。

（2）向项目中添加一个类 Book，并定义以下成员字段。

```
private string bookId;
private string name;
private string press;
private decimal price;
```

（3）单击快捷菜单中的“重构”→“封装字段”菜单项添加 4 个属性，分别访问要求（2）中的各字段。其中访问字段 price 的属性 Price 是可读写的，其他属性是只读的。

（4）添加一个构造函数，用来在实例化书时，提示用户输入书的各项基本数据。构造函数的原型如下。

```
public Book()
```

（5）在类 Book 中添加方法 ShowBook，来输出书的基本信息。方法 ShowBook 的原型如下。

```
public void ShowBook()
```

（6）在主方法 Main 中创建类 Book 的一个实例，并调用实例的方法 ShowBook，输出书的基本信息。

执行结果

运行程序，提示输入书的各项数据，而后只能更改该书的价格。程序的执行结果如图 7.8 所示。

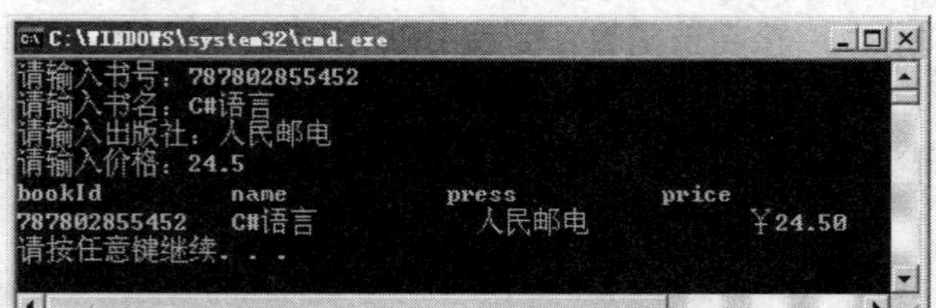

图 7.8　程序的执行结果

习题 7

一、填空题

1. 类的封装性表现为________是构成面向对象的编程单元，通过类来封装类的

________和________。

2. 对象的封装性表现为对对象的操作是受________的，而且对象是类的实例，天生就具有类的________特征。

3. ________是成员字段的一种封装形式，它有________和________两个访问器。

4. 属性的 set 访问器中，隐含参数________是用来为字段赋值的。

5. 如果某属性只含有 get 访问器，则表明该属性是________的。

二、选择题

1. 下列说法错误的是（　　）。

A. 封装是面向对象的三大特征之一

B. 外界不能随意操作类的内部数据，只能通过类本身提供的接口来访问

C. 信息隐蔽是封装的一种表现形式，能很好地保护数据和对数据的操作

D. 透明是指对象内部的东西是可视的、是容易了解的

2. 下列（　　）不是封装的好处。

A. 避免使用非法的数据赋值

B. 避免类内部发生修改时，导致整个程序的修改

C. 提供程序的编程效率

D. 保证数据的完整性

3. 属性主要用于对（　　）的封装。

A. 成员方法　　B. 成员字段　　C. 常量　　D. 事件

4. 一般情况下属性的修饰符应为（　　）。

A. private　　B. internal　　C. public　　D. readonly

5. 建议不使用（　　）属性。

A. 读/写　　B. 只读　　C. 只写　　D. 以上都是

三、综合题

1. 结合现实生活中的例子，说明封装的好处。

2. 为了避免对任务 7.2 中类 Human 的字段 age 非法赋值，现要求采取措施，保证外界输入的年龄应在 1～60 之间，否则将采用默认值 18。改写类 Human，完成上述任务。

3. 创建一个名为 MyRectangle 的控制台应用程序，添加一个长方形类 Rectangle，通过构造函数为类的字段 height、width 赋初值。在主方法 Main 中创建一个正方形对象，并输出该正方形的面积。要求利用类 Rectangle 的属性 Area 来获取正方形的面积。

4. 创建一个名为 MyBook 的控制台应用程序，添加一个新类 Book，该类包含的属性有 BookId、Name、Author、Press 和 Price。在主方法 Main 中创建若干图书对象，并依次输出这些书的基本信息。

第8章 继承

学习目标

- 利用继承解决多个类之间的派生问题
- 掌握子类、父类的构造函数和析构函数的调用
- 掌握继承抽象类的使用方法
- 利用接口解决多个类的共性和特征问题

8.1 继承基类

类在定义时可继承其他类的数据和方法而不需编写任何代码，此时被继承的类称为父类或基类，由父类或基类派生的类称为子类或派生类。在派生类从基类中派生时，基类的成员成为派生类的成员，派生类不需编写任何代码就已经具备了基类的功能，从而可以提高程序开发的效率和可维护性，除此之外，派生类还可以有自己的数据和方法等成员。

.NET 类库是一个庞大的、分层的类的继承体系，object 类是所有类的直接或间接基类。所有的类均从 object 类中派生，均具有 object 类的成员。在利用继承设计类的时候，要考虑两个类是否具有继承关系，如果没有继承关系，则不应该让一个类成为另外一个类的父类。一般情况下，当对象 A 是对象 B 的一种或对象 A 属于对象 B 的话，则可建立继承关系，例如，狗是动物的一种，此时狗类可以从动物类中派生。但植物和动物之间就没有这种关系。

在实际开发时，要尽量避免使用继承来实现组件功能，而应使用对象组合，否则类之间的层次关系过于复杂将影响程序执行的效率。

8.1.1 继承一般基类

【学一学】

一般基类都可以通过继承关系产生子类。在声明子类时，子类名称后紧跟一个冒号，

冒号后指定基类的名称。语法格式如下。

```
[访问修饰符] class 派生类名:基类名
{
//类体
}
```

派生类不能继承基类的构造函数和私有成员，它可以有自己的构造函数、数据成员和方法成员；派生类不能直接访问基类的构造函数和私有成员，只能通过继承的基类方法间接地访问基类的私有成员。在继承时，要注意以下 4 个方面的问题。

1. 为基类成员添加合适的修饰符

如果基类中的成员均为私有的，则派生类无法从基类中继承，这样就失去了继承的意义。然而，如果将基类的成员全部定义为公有的，虽然派生类可以直接访问基类的成员，但这又不符合面向对象封装性的特点。为了解决这个问题，在 C#中增加了一个访问修饰符 protected，这个修饰符的含义是，它修饰的成员可以被继承类访问，显示了它公有的特点；但它修饰的成员无法被其他类的对象直接访问，显示了它私有的特点。

下列代码演示了在子类中通过继承的方法来访问基类私有成员。

```
public class ParentClass                        //父类 ParentClass
{
 private int i;
 public int k;
  public void Set(int i)
  {
   this.i=i;
  }
}
public class ChildClass: ParentClass            //子类 ChildClass
{
  int j;
  public void SetSize(int j)
  {
    Set(j);                                     //调用基类的 Set 方法为基类的成员 i 赋值
  }
}
```

类 ParentClass 中的成员 *i* 是私有的，所以派生类 ChildClass 中无法直接为基类的 *i* 赋值，只能通过调用基类的 Set 方法间接地为基类的成员 *i* 赋值。

2. 基类对象与派生类对象的转换

派生类对象也是有效的基类对象，也就是说可以将派生类对象转换为基类对象。但此时只能通过派生类对象访问基类的数据和方法。在派生类对象强制转换为基类对象后，也可以将其重新转换成派生类对象。下列代码演示了派生类对象和基类对象之间的转换。

```
public void Switch()
{
   ChildClass object1 = new ChildClass();
   object1.SetSize(4);                          //调用 ChildClass 类的公有方法 SetSize
   object1.Set(4);                              //调用基类的公有方法 Set
```

```
    ParentClass object2= (ParentClass) object1;  //将 object1 对象强制转换为 ParentClass
类型
    object2.Set(4);                              //调用基类的方法 Set
    object2.SetSize(4);                          //编译错误，无法访问 ChildClass 的方法
    ChildClass object3 = (ChildClass) object2;   //将 object2 又转换为 ChildClass 对象
    object3.k = 4;                               //访问基类的公有成员
}
```

3. 派生类中对基类同名成员的覆盖

派生类中如果声明了与基类同名的成员，可以使用 new 修饰符对基类中同名的成员进行覆盖，来完成属于自己的实现。

例如，在上述代码定义的类 ParentClass 中，增加一个 Calculate 方法，方法的定义如下。

```
    public int Calculate ()
    {
        return  i*k;
    }
```

而类 ChildClass 中也要求定义一个 Calculate 方法，但返回的值不一样。此时由于基类 ParentClass 中已有同名的方法，因此可在派生类 ChildClass 中通过 new 关键字来覆盖基类的方法。派生类的 Calculate 方法定义如下。

```
new public float Calculate ()
{
    return j*j;
}
```

当通过对象调用方法 Calculate 时，则根据对象声明时的类型来决定到底调用父类还是子类的 Calculate 方法。

4. 继承的传递性

类的继承具有传递性。假定类 A 派生类 B，类 B 又派生类 C，则 C 类既具有 A 类中的成员，又具有 B 类中的成员。由此可见类的层次越多，则在创建最底层类的对象时，要加载所有的父类的对象越多。

在 C#中，有一种比较特殊的类称为密封类，密封类不能作为其他类的基类。定义密封类的方法就是在定义类的关键字 class 前面加关键字 sealed。下列代码就是定义一个密封类的示例。

```
sealed class Fraction                        //定义一个密封类，无法通过该类派生其他类
{
    int numerator;                           //分子
    int denominator;                         //分母
}
```

abstract 修饰符无法与 sealed 一起使用。除了在定义密封类时使用 sealed 外，也可以在对派生类中重写基类的虚成员时使用关键字 sealed，这样由该派生类再派生的类就无法对该派生类的基类的虚成员进行再次重写。

下列代码演示了使用关键字 sealed 来密封方法。

```
public class D : C
{
    public sealed override void Display() {
```

```
        //重写代码
    }
}
```

其中类 C 含有虚方法 Display，类 D 对虚方法 Display 进行重写并且密封。此时由 D 再派生的类就无法重写 Display 方法了。在 C#中，Math 类和用于类型转换的类 Convert 都是比较典型的密封类。

8.1.2　派生类的构造函数与析构函数

【学一学】

1．派生类的构造函数

类在实例化时会自动调用构造函数，这个构造函数可能是默认的构造函数，也可能是自定义的构造函数。所谓默认的构造函数指的是无参构造函数，该构造函数不显式定义，也可以称为系统的默认构造函数，该构造函数将类的所有成员都初始化为默认值。在类中也可以自定义构造函数，只要类中有自定义的构造函数，则系统的默认构造函数就不起作用。

下列代码定义了类 Rec 的自定义构造函数。

```
class Rec
{
    int length, width;
    public Rec(int length, int width)
    {
        this.length = length;
        this.width = width;
    }
}
```

如果一个类从另一个类中派生，此时实例化派生类就要考虑多种情况。

（1）使用 base 关键字调用基类的构造函数。基类的构造函数无法被继承，所以派生类不能直接调用基类的构造函数，而派生类还必须有一种方式调用基类的构造函数，这是因为基类的数据必须被基类的构造函数初始化，虽然可以通过将基类的成员设为公有而让派生类直接初始化，但这不符合封装性的要求。

下列代码就是想在派生类的构造函数中调用基类的构造函数。

```
class Square : Rec
{
    int side;
    Square(int side)
    {
        Rec(side, side);//错误的调用方式
    }
}
```

上述代码中调用基类的构造函数的方法是错误的。调用基类的构造函数的正确做法是使用 base 关键字。具体做法是，定义派生类的构造函数时，在声明构造函数的定义后面加冒号（:），然后使用 base 关键字调用基类的构造函数。注意：基类的构造函数不能是私有成员。

下列代码为使用 base 关键字正确调用基类构造函数。

```
class Square : Rec
{
    int side;
    public Square(int side): base(side, side)
    {
        this.side = side;
    }
}
```

准确定义派生类构造函数后，在实例化派生类时，首先调用基类的构造函数以初始化基类的成员，然后调用派生类的构造函数初始化派生类中的成员。一般地，构造函数的调用次序是，首先调用 System.Object 对象的构造函数（因为 Object 对象是任何类的根基类)，然后由上而下依次调用继承关系中各个类的构造函数，最后调用实例化的类的构造函数。

（2）多个基类构造函数的调用。当基类的构造函数不止一个时，根据 base 关键字后传递的参数的个数、参数的次序、类型来确定到底调用基类的哪个构造函数。

下列基类 Rec 含有多个构造函数。

```
class Rec
{
    int length, width;
    public Rec(int length, int width)   //定义构造函数，含有 2 个参数
    {
        this.length = length;
        this.width = width;
    }
    public Rec(int length)               //定义构造函数，含有 1 个参数
    {
        this.length = length;
        this.width = length;
    }
}
```

下列类 Square 中的 base 调用基类 Rec 的构造函数 Rec(int length)，这是因为 base 后只跟一个参数 slength。

```
class Square : Rec
{
    int slength;
                           //该构造函数首先调用基类 Rec 的构造函数 Rec(int length)
    public Square(int slength) : base(slength)
    {
        this.slength = slength;
    }
}
```

（3）隐式调用基类的构造函数。如果基类没有定义构造函数，此时在实例化派生类对象时，将会隐式调用基类的无参构造函数。如果基类定义了构造函数，但不含无参数的构造函数，此时在派生中定义带参数的构造函数时，就会出现编译错误。

下列代码演示了在派生类中隐式调用基类的构造函数。

```
public class Shape
{
    int linewidth;
    public void DisplayWidth()
    {
```

```
        Console.WriteLine(linewidth);
    }
}
public class Circle : Shape
{
    float radius;
    public Circle(float r)
    { radius = r; }
}
```

定义类 Circle 的构造函数时，并没有使用 base 关键字。如果创建 Circle 类的一个实例，就会首先调用基类的默认构造函数，该基类的默认构造函数就会将基类的成员变量 linewidth 初始化为 0。

2. 派生类的析构函数

前面对析构函数已经做了较为详细的说明，这里主要介绍在继承关系下析构函数的调用问题。在 C#中由于清理类资源的任务由垃圾收集器自动完成，所以一般情况下不需要显式地定义析构函数。在清理资源时，先清理派生类的资源，然后依次清理基类的资源，即调用析构函数的顺序与调用构造函数的顺序正好相反。

如果在上述 Rec 类和 Square 类中分别定义如下的析构函数。

```
//类 Rec 的析构函数
~Rec()
{
    Console.WriteLine("这是 Rec 类析构函数的执行结果");
}
//类 Square 的析构函数
~Square()
{
    Console.WriteLine("这是 Square 类析构函数的执行结果");
}
```

那么在主方法 Main 中编写一行代码：Square square = new Square(4);程序执行后，结果如下。

这是 Square 类析构函数的执行结果。

这是 Rec 类析构函数的执行结果。

从上述运行结果可以清楚地看到析构函数的调用次序：先调用派生类 Square 的析构函数，然后再调用基类 Rec 的析构函数。

8.1.3　继承抽象类

【学一学】

子类除了能继承一般基类外，还能继承抽象类。如果使某个类仅用于继承，则使用 abstract 关键字定义该类，使之成为抽象类，在该类中定义派生类共有的成员。如果某个类继承抽象类，首先继承的是抽象类所有的非抽象的成员，在继承非抽象成员时，继承方式和普通的类没有任何区别。继承抽象类和继承非抽象类主要有如下几个方面的区别。

（1）抽象类可以声明实例，但不能实例化。抽象类实例只能引用派生类的对象，通过派生类的对象去访问抽象类中的成员。

假定A是抽象类，B是抽象类A的派生类，A中有公有成员方法C。下列代码显示了如何通过A的实例访问A中的成员方法C。

```
A a=new B(); //定义抽象类A的实例a，并让其引用派生类B的对象
a.C();       //访问A中的方法C
```

（2）抽象类可以含有抽象方法和抽象属性，此时派生类必须实现基类的抽象成员。普通基类也可以定义虚成员以让其派生类有自己的实现，但派生类可以不实现基类的虚成员，而是继承基类的虚成员。

【试一试】

任务8.1

定义抽象类Shape，该类描述绘制图形所必须的线的颜色和宽度，抽象类Shape含有抽象方法Draw。椭圆类Ellipse从Shape类中派生，圆类Circle从Ellipse类中派生。创建类Ellipse和Circle的对象并调用绘图方法输出绘图信息。

解决思路

1. 定义抽象的图形类Shape。
2. 定义从抽象类Shape派生出的椭圆类Ellipse。
3. 定义从椭圆类Ellipse派生出的圆类Circle。
4. 创建类Ellipse、Circle的实例，调用绘图方法输出绘图信息。

完成步骤

（1）创建一个名为Chapter8_1的控制台应用程序。

（2）在项目中添加一个类文件Shape.cs。抽象类Shape的定义如下。

```
public abstract class Shape
{
   string color;                    //绘图颜色
   int size;                        //绘图线宽
   protected Shape(string color, int size)
   {
      this.color = color;
      this.size = size;
   }
   protected Shape()
   {
      this.color = "黑色";
      size = 1;
   }
      public void Display()
      {
         Console.WriteLine("绘制图形的颜色是：{0}，线宽为{1}px", color, size);
      }
      abstract public void Draw(); //抽象方法，输出绘图信息
}
```

（3）在项目中添加一个类文件Ellipse.cs。类Ellipse的定义如下。

```
public class Ellipse : Shape
{
   float lr, sr;                    //椭圆的长径和短径
   protected float x,y;
```

```
    public Ellipse(string color,int size,float lr,float sr,float x,float y)
        : base(color, size)
    {
        this.lr = lr;
        this.sr = sr;
        this.x = x;
        this.y = y;
    }
    public override void Draw()              //实现抽象方法
    {
        Display();
        Console.WriteLine("绘制的图形为椭圆");
        Console.WriteLine("椭圆的中心点坐标为({0}, {1}), 长径为{2}, 短径为{3}",x,y,lr,sr);
    }
}
```

（4）在项目中添加一个类文件 Circle.cs。类 Circle 的定义如下。

```
public sealed class Circle : Ellipse        //定义一个继承自类Ellipse的密封类
{
    float r;                                 //圆的半径
    public Circle(string color,int size,float r,float x,float y)
      : base(color,size,2*r,2*r,x,y)
    {
      this.r = r;
    }
    public override void Draw()              //重写绘图方法
    {
        Display();
        Console.WriteLine("绘制的图形为圆");
        Console.WriteLine("圆的中心点坐标为({0},{1}), 半径为{2}", x, y, r);
    }
}
```

（5）在主方法 Main 中编写如下代码，创建图形对象，输出绘图信息。

```
static void Main(string[] args)
{
    Ellipse ellipse = new Ellipse("红色",1,12,8,10.5f,20.5f);
    Circle circle = new Circle("黑色",2,20,22.5f,30);
    ellipse.Draw();
    circle.Draw();
}
```

执行程序，运行结果如图 8.1 所示。

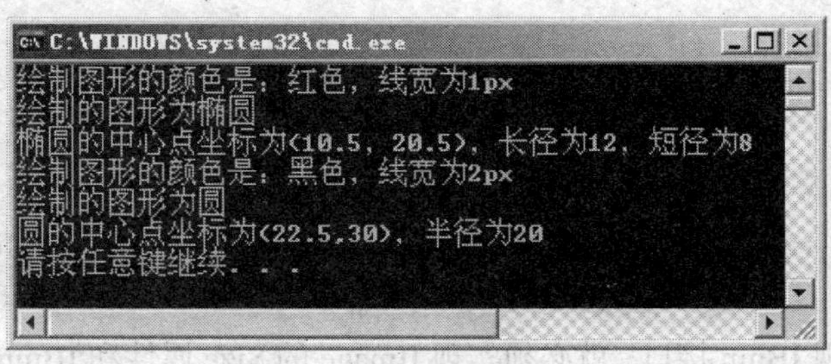

图 8.1 输出的绘图信息

8.2 继承接口

通过前面的学习已经了解，接口是一种规范或者协定，实现接口的类或结构必须遵守其协定。类不仅可以从基类实现单继承，而且可从接口实现多继承。

8.2.1 接口继承接口

【学一学】

在 C#中能从一个或多个接口中派生新接口，此时被继承的接口称为父接口，新接口称为子接口。如果一个类实现子接口，则除了要实现子接口中的成员之外，还必须实现父接口中的所有成员。

派生接口的定义与派生类类似，是在定义的接口名后加一个冒号(:)，后面跟上基接口名。如果从多个接口中继承，基接口列表之间用逗号分开。下列代码演示了从多个接口派生新的接口。

```
public interface IPhoto                          //图片的操作接口
{
    int AddImage();
    int DeleteImage();
}
public interface IPict                           //图片的访问接口
{
    void DisplayImage();
}

public interface IImage : IPhoto, IPict //继承多接口
{
    void MoveImage();
}
```

显然，派生接口 IImage 中拥有 3 个继承来的方法和一个自定义的方法，只不过这些方法都只有声明，而没有实现。

子接口继承父接口时，与子类继承基类相似，子接口中可能会有一个与父接口同名的成员，此时必须使用 new 关键字隐藏父接口的同名成员。下列代码定义了一个父接口以及一个隐藏了父接口中同名成员的子接口。

```
interface IImage
{
    int Size { get; }
}
interface IBmp: IImage
{
    new int Size();//子接口 IBmp 的成员方法 Size 隐藏了父接口的成员属性 Size
}
```

如果某个类要实现 IBmp 接口，就必须实现 IImage 的 Size 属性和 IBmp 的 Size 方法，其中至少一个成员必须用显式接口的方式实现。

8.2.2 类继承接口

如果某个类要实现派生接口，则必须实现父接口的所有成员以及子接口的所有成员。下列代码中的类 Image 实现 8.2.1 节中定义的接口 IImage。

```
public class Image : IImage
{
    public int AddImage()          //实现方法 AddImage
    {}
    public int DeleteImage()       //实现方法 DeleteImage
    {}
    public void DisplayImage()  //实现方法 DisplayImage
    {}
    public void MoveImage ()       //实现方法 MoveImage
    {}
}
```

由此可见，类 Image 实现了子接口 IImage 及其父接口中所有的成员。

可以通过接口实例或类实例来访问接口中的方法。下列代码为利用类和接口的实例来访问接口成员。

```
Image img=new Image();
img.AddImage();                      //通过类实例访问接口成员
IPict pic=img;
pic.AddImage();                      //通过接口实例访问接口成员
```

派生类继承自基类，基类又可以继承自接口，那么在派生类中能对基类中实现的接口成员进行重新实现吗？答案是肯定的。下列代码中类 JpgImage 只是继承自类 Image，并没有对类 Image 中已经实现的接口成员进行重新实现。

```
public interface IPict
{
    int AddImage();
}
public class Image : IPict
{
    public int AddImage()
    { return 1;}                     //实现接口中的方法
}
public class JpgImage : Image
{
    float ratio;                     //图片的压缩比
}
```

在上述代码中，类 JpgImage 从类 Image 中派生，但是该类并没有实现接口 IPict 中的成员，而是继承了类 Image 对 AddImage 方法的实现。

如果在派生类中需要对接口的成员进行重新实现，则必须在实现的成员前加 new 修饰符。下列代码对上述接口 IPict 中的成员 AddImage 进行了重新实现。

```
public class JpgImage:Image
{
    float ratio;                     //图片的压缩比
```

```
    new public int AddImage()   //重新实现接口成员
    {}
}
```

【试一试】

任务 8.2

在网络中传输数据时，为安全起见，需要对数据进行加密和解密。例如，一种简单的加密、解密算法是，加密时将字符 A(a)变为 D(d)、B(b)变为 E(e)……，Z(z)变为 C(c)，解密时进行逆转换（其他字符不变）。试定义一个接口 IAuthenticate 来声明加密、解密方法，然后定义一个加密解密类 Authentication 实现上述接口，最后定义类 StringEncrypt，该类继承自类 Authentication，能加密或解密输入的字符串。

解决思路

（1）定义接口 IAuthenticate，声明解密、解密方法。

（2）定义类 Authentication，实现接口。

（3）定义类 StringEncrypt，继承自类 Authentication，并自定义对字符串进行加密、解密的方法。

（4）在主方法 Main 中创建类 StringEncrypt 的实例，对字符串进行加密和解密，并输出结果。

完成步骤

（1）创建一个名为 Chapter8_2 的控制台应用程序。

（2）在项目中添加接口文件 IAuthenticate.cs。接口 IAuthenticate 的定义如下。

```
public interface IAuthenticate
{
    char Encrypt(char b);                                    //声明加密方法
    char Decrypt(char b);                                    //声明解密方法
}
```

（3）在项目中添加类文件 Authentication.cs。类 Authentication 的定义如下。

```
class Authentication:IAuthenticate
{
    public char Encrypt(char ch)                             //实现加密方法
    {
        int b = ch;
        if ((b >= 65 && b <= 90) || (b >= 97 && b <= 122))//判断待加密字符
        {
          b += 3;
          if ((b > 90 && b <= 93) || (b >122))
              b-=26;
        }
        return (char)b;
    }
    public char Decrypt(char ch)                             //实现解密方法
    {
        int b = ch;
        if ((b >= 65 && b <= 90) || (b >= 97 && b <= 122))//判断待解密字符
        {
           b -= 3;
           if (b < 65 || (b >= 94 && b <97))
               b += 26;
        }
        return (char)b;
```

```
    }
}
```

上述类 Authentication 继承自接口 IAuthenticate，并实现了接口中声明的方法。

（4）在项目中添加类文件 StringEncrypt.cs。类 StringEncrypt 的定义如下。

```
class StringEncrypt:Authentication
{
    public string StrEn(string str)      //定义对字符串加密的方法
    {
        char[] chars = str.ToCharArray();
        for (int i = 0; i < chars.Length; i++)
        {
            chars[i] = Encrypt(chars[i]);
        }
        return new string(chars);
    }
    public string StrDe(string str)      //定义对字符串解密的方法
    {
        char[] chars = str.ToCharArray();
        for (int i = 0; i < chars.Length; i++)
        {
            chars[i] = Decrypt(chars[i]);
        }
        return new string(chars);
    }
}
```

类 StringEncrypt 继承自类 Authentication，并在自定义的方法中调用父类已实现接口的方法，来对字符串进行加密和解密。

（5）在主方法 Main 中编写如下代码，对输入的字符串进行加密和解密，并输出加密、解密后的结果。

```
static void Main(string[] args)
{
    string str;
    StringEncrypt se = new StringEncrypt();
    Console.Write("请输入待加密的字符串：");
    str = Console.ReadLine();
    Console.WriteLine("加密后的字符串是：{0}\n", se.StrEn(str));
    Console.Write("请输入待解密的字符串：");
    str = Console.ReadLine();
    Console.WriteLine("解密后的字符串是：{0}", se.StrDe(str));
}
```

执行程序，运行结果如图 8.2 所示。

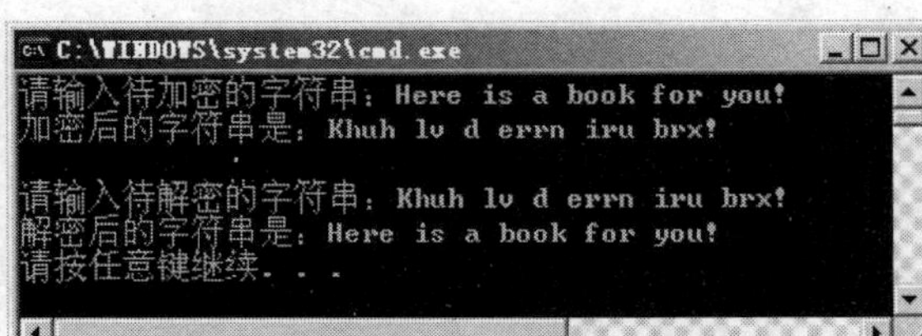

图 8.2　输出加密和解密后的字符串

本章小结

本章介绍了C#面向对象编程中的继承性的具体应用。继承主要体现在两个方面：类的继承和接口的继承。如果对象A是对象B的一种，则可以用继承来描述B派生出A；如果对象A和对象B都具有某一共同特征，则可以将这一特征定义为接口，A和B分别来实现接口。派生类继承基类时，可以通过使用base关键字调用基类的构造函数。在派生类中只能访问基类的非私有成员，且派生类对象能转换为基类对象。接口继承时，子接口继承父接口的所有成员，如有同名，则在子接口中使用new关键字来覆盖父接口成员。类在实现子接口时，必须同时实现子接口的父接口中的所有成员，派生类可以继承父类对接口的实现。继承是实现代码复用的主要技术，在.NET类库和实际编程中得到广泛的应用。

练一练

任务 8.3

人有姓名、年龄等属性，还能将自己的个人信息告诉别人。试定义一个学生类Student，该类继承自人类Person，且有属于自己的一些属性，如学号、班级和所在学校；另外学生能告诉别人自己的学习情况。

操作要求

（1）新建一个名为Chapter8_3的控制台应用程序。

（2）在项目中添加一个类Person，该类有以下成员。

成员变量：

```
string name;
int Age;
```

成员方法DispInfo，以输出姓名和年龄，该方法的原型如下。

```
public void DispInfo()
```

（3）在项目中添加类文件Student.cs。类Student继承自类Person，并增加以下成员。

成员变量：

```
string no;             //学号
string className;      //班级
string schoolName;     //学校
```

成员方法StudyInfo，该方法用输出学生所在学校、班级和学习成绩情况，方法的原型如下。

```
public void StudyInfo(string level)
```

（4）在主方法Main中创建类Student的对象，输出该学生的基本信息。

执行结果

执行程序，运行结果如图 8.3 所示。

任务 8.4

动物都要吃东西，当然人也不例外。人不仅要吃东西，而且要穿衣服，特别是婴幼儿，还需要在妈妈的帮助下穿好衣服。试定义以下接口和类，完成上面的描述。

在接口 IEat 中声明方法 Eat，接口 IHuman 继承自接口 IEat，再声明方法 Dress。类 Person 不仅实现接口 IHuman，还有自己的属性 Name、Age 和成员方法 ShowInfo。方法 ShowInfo 用来显示自己的姓名和年龄。类 Baby 继承类 Person，并覆盖方法 Dress，表明婴幼儿要在妈妈的帮助下才能穿好衣服。

图 8.3　输出学生的基本信息

操作要求

（1）创建一个名为 Chapter8_4 的控制台应用程序。

（2）在一个类文件中定义接口 IEat 和 IHuman，其中接口 IHuman 继承接口 IEat。在接口 IEat 中声明方法 Eat，在接口 IHuman 中声明方法 Dress。

（3）在项目中添加类文件 Person.cs。类 Person 实现接口 IHuman，并定义属性 Name、Age 和方法 ShowInfo，方法 ShowInfo 用于显示人的姓名和年龄信息。

（4）在项目中添加类文件 Baby.cs。类 Baby 继承类 Person，并覆盖基类的方法 Dress。

（5）在主方法 Main 中创建类 Baby 的实例，为实例的各属性赋值，并调用该实例的方法 ShowInfo、Eat 和 Dress。

执行结果

执行程序，运行结果如图 8.4 所示。

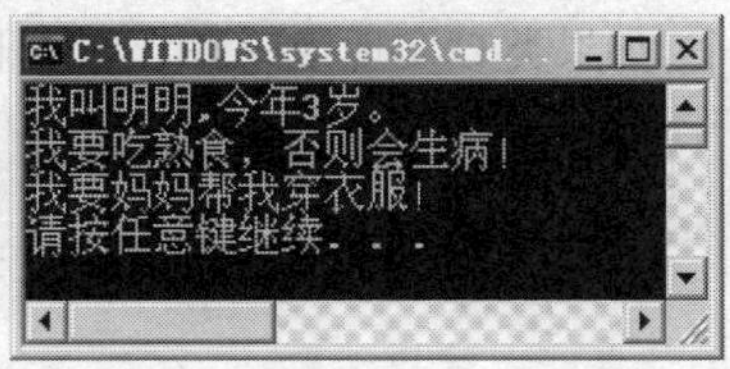

图 8.4　程序的运行结果

习题 8

一、填空题

1. 在.NET 中，________类是所有类的直接或间接基类。有一种比较特殊的类称为________，它不能作为其他类的基类。

2. 使用________关键字调用基类的构造函数，如果基类的构造函数不止一个，此时根据 base 关键字后传递的参数的________、参数的________和类型来确定到底调用哪个构造函数。

3. 接口继承时，子接口继承________的所有成员；如果同名，则在子接口中使用________关键字。类在实现子接口时，必须同时实现子接口的父接口中的所有成员。

4. 假定有如下定义。

```
class A
{
    public A()
    {
        Console.WriteLine("调用A的构造函数");
    }
}
class B : A
{
    public B()
    {
        Console.WriteLine("调用B的构造函数");
    }
}
```

则执行代码 B b = new B();后，输出的结果为________。

5. 假定有如下定义。

```
interface IA
{
    void Disp();
}
interface IB:IA
{
    new void Disp();
}
```

如果类C实现接口IB，则在下面的空格处填上合适的内容。

```
class C :____________
{
    ____________
    {
        Console.WriteLine("该方法实现了IA的disp方法");
    }
    ____________
    {
        Console.WriteLine("该方法实现了IB的disp方法");
    }
}
```

二、选择题

1. 以下关于继承的说法错误的是（　　）。

A. .Net框架类库中，object类是所有类的基类

B. 派生类不能直接访问基类的私有成员

C. protected修饰符既有公有成员的特点，又有私有成员的特点

D. 基类对象不能引用派生类对象

2. 继承具有（　　），即当基类本身也是某一类的派生类时，派生类会自动继承间接基类的成员。

A. 规律性　　B. 传递性　　C. 重复性　　D. 多样性

3. 以下关于派生类的构造函数与析构函数的说法错误的是（　　）。

A. 派生类可以使用 base 关键字调用基类的构造函数

B. 派生类实例化时，先调用派生类的构造函数

C. 派生类对象销毁时，先调用派生类的析构函数

D. 如果基类没有显式定义构造函数，则派生类实例化时调用基类的默认构造函数

4. 关于接口继承，下列说法错误的是（　　）。

A. 接口可以从另一个接口中派生

B. 如果类实现一个子接口，则该类也必须实现该子接口的所有父接口

C. 子接口可以使用 new 关键字隐藏父接口中的同名成员

D. 子类不可以继承父类对接口的实现

5. 下列说法中，正确的是（　　）。

A. 派生类对象可以强制转换为基类对象

B. 在任何情况下，基类对象都不能转换为派生类对象

C. 接口不可以实例化，也不可以引用实现该接口的类的对象

D. 基类对象可以访问派生类的成员

三、综合题

1. 派生类调用基类的构造函数有哪几种方式？试举例说明。

2. 子接口的成员与父接口的成员同名时，该如何处理？

3. 定义一个 Shape 类，该类有一个名为 Color 的 string 类型的数据成员，还有一个名为 GetColor 的方法（用于获取图形的颜色），此外该类还含有一个名为 GetArea 的抽象方法。在类 Shape 的基础上创建 Circle 子类，子类有半径 r 这个数据成员，并提供了对 GetArea 方法的实现，以计算相应图形的面积。

4. 在任务 8.2 中，用 StringEncrypt 类实现字符串的加解密时，能否不从类 Authentication 派生，而直接从接口实现？如能，试实现之。

5. 定义以下接口 DataSeries，任何类使用该接口都可产生一系列数字。

```
public interface DataSeries
{
   int GetNext();           //返回下一个系列数字
   void Reset();            //重新开始
   void SetInit(int i);     //设系列数字的开始值
}
```

创建一个类 FiveSeries，实现上述接口，用于产生一个公差为 5 的数列。

第9章 多态

学习目标

- 利用方法重载完成同一问题多种不同的解决方法
- 利用构造函数重载创建满足程序需要的不同对象
- 利用运算符重载拓展运算符的功能
- 利用虚方法实现重载
- 利用虚方法隐藏实现重载
- 利用接口的重新实现达到重载的目的

9.1 利用方法和运算符重载实现多态

通过前面的学习，用户已经了解了多态的基本概念。简单地说，多态是指当不同的对象执行相同的方法时，系统能根据不同的对象正确调用各对象所属类的相应方法，从而产生不同的结果。多态性是面向对象编程的重要特点，在C#中可以通过方法重载、虚方法、抽象类及接口实现多态。

9.1.1 方法重载

【学一学】

方法重载指的是可以在类中定义多个同名的方法，而这些方法的参数各不相同。参数不同有几种情况：参数的类型不同、参数的个数不同、参数的次序不同、参数的传递方式不同。如果两个方法同名，并且参数类型、个数、次序和传递方式完全相同，仅返回值不同，这在C#中编译时无法通过，因为编译器无法确定到底调用哪个方法。

虽然参数不同会导致多种形式的重载，但在实际应用中主要有以下两种比较常见的重载形式。

1. 不同参数类型的重载

这种情况下，定义的重载方法的算法基本相同，仅仅会因为不同的参数类型而略有不同。下列代码中定义了两个方法：一个是求两个字符的较大值，另一个是求两个整数的较大值。

```
public class MathMatics
{
    public int Max(int x, int y)     //求两个整数的较大值
    {
        if (x > y)
            return x;
        else
            return y;
    }
    public char Max(char x, char y) //求两个字符的较大值
    {
        if (x > y)
            return x;
        else
            return y;
    }
}
```

上述代码定义的两个同名方法，参数个数相同，但类型不同，因此属于重载的一种形式。在调用方法时，编译器会按照参数来调用对应的方法。因此，应尽量保证实参和形参的类型相同，如果类型不同，此时编译器会寻找最匹配的同名方法执行。下列代码演示了重载方法的调用。

```
static void Main(string[] args)
{
    MathMatics mm=new MathMatics();
    int x=5,y=3;
    char a = 'a', b = 'b';
    Console.WriteLine("两个整数({0},{1})的较大值为{2}",x,y, mm.Max(x, y));
    Console.WriteLine("两个字符({0},{1})的较大值为{2}",a,b, mm.Max(a, b));
    Console.WriteLine("({0},{1})的较大值为{2}", x,b,mm.Max(x, b));
}
```

上述代码的 3 个输出语句中，mm.Max(x,y)会调用Max(int x,int y)方法，mm.Max(a,b)会调用 Max(char x,char y)方法，mm.Max(x,b)由于参数类型为 int 和 char，找不到一个完全匹配的方法 Max，此时编译器将 b 由 char 转换为 int，所以会调用 Max(int x,int y)方法，这称为 C#的重载决策。上述代码的输出结果如图 9.1 所示。

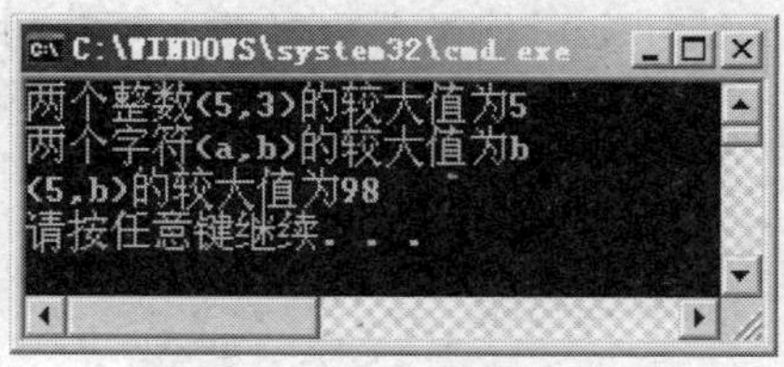

图 9.1　执行重载方法的结果

2. 不同参数个数的重载

有时为了让类的方法具有更多的适应性，可以让方法接收个数不等的参数，程序员就可以根据实际情况使用最适当的一种。下列代码演示了这种重载方式。

```
public  class  MathMatic
{
```

```
    public int Max(int x, int y)          //求两个整数的较大值
    {
        if (x > y)
            return x;
        else
            return y;
    }
    public int Max(int x, int y, int z) // 求 3 个整数的最大值
    {
        if (z > Max(x, y))
          return z;
        else
          return Max(x, y);
    }
}
```

上述代码中，带 3 个参数的 Max 方法调用了带 2 个参数的 Max 方法。调用带有不同参数个数的重载方法时，编译器会通过实际参数的个数来决定调用哪个重载方法。

这种形式的重载在 C#中也是广泛存在的。例如，Console.WriteLine 方法有以下几种重载形式。

```
public static void WriteLine (string format,Object arg0,Object arg1) ;
public static void WriteLine (string value) ;
public static void WriteLine (string format,Object arg0);
```

读者可能会问，如果要求出 4 个、5 个或更多整数中的最大值，是否还要定义 Max 方法更多参数的其他重载形式？如果是，岂不很麻烦吗？解决这个问题的方法是定义数目可变的方法参数，在定义方法时指定一个元素可变的数组参数，在该参数前加关键字 params，以表明实参是可变的参数列表。下列代码为上述类 MathMatic 添加了另一个重载方法 Max，它可以接收任意数目（包括 0 个）的参数。

```
public int Max(params int[] a)
{
    int max = 0;
    if (a.Length == 0)                          //如果传入的整数数组没有元素，则返回-1
    {
        return -1;
    }
    max = a[0];
    for (int i = 0; i < a.Length; i++)   //求数组中的最大值
    {
       if (max < a[i])
           max = a[i];
    }
    return max;
}
```

接下来编写以下代码来调用上述可变参数的方法 Max。

```
static void Main(string[] args)
{
    int max;
    MathMatics mm = new MathMatics();
    max =mm.Max(15, 50, 100, 4, 25);
    Console.WriteLine("最大值为{0}", max);
}
```

执行上述代码，输出的结果如图 9.2 所示。

图 9.2　输出的最大值

【试一试】

任务 9.1

纳税是每个公民应尽的义务。不同的对象其纳税计算公式是不一样，如个人所得税=（月收入−抵扣额）×税率；企业利润税=企业利润总额×征收税率；房产交易税=（卖出价−买入价）×税率（有持有房屋年限要求）。试在类 Tax 中定义多个重载方法 ComputeTax 来模拟不同的纳税计算方法。

解决思路

（1）新建一个类 Tax，在类中分别定义 3 个 ComputeTax 重载方法，方法的参数及返回值类型根据任务要求来决定。

（2）在主方法 Main 中，创建类 Tax 的实例，分别调用不同重载形式的 ComputeTax 方法来计算不同的税额。

完成步骤

（1）创建一个名为 Chapter9_1 的控制台应用程序。

（2）在项目中添加一个类文件 Tax.cs。

（3）在类 Tax 中添加一个方法 ComputeTax，用于计算个人工资所得税。具体代码如下。

```
public float ComputeTax(float salary,float baseline,float rate)
{
    float taxation ;
    if (salary <= baseline)
      taxation=0;
    else
    {
      taxation = (salary - baseline) * rate;
    }
    return taxation;
}
```

（4）在类 Tax 中添加一个方法 ComputeTax，用于计算房产交易税。代码如下。

```
public float ComputeTax(float soldPrice,float boughtPrice,int year,float rate)
{
    float taxation;
    if (soldPrice < boughtPrice || year>4)//房屋持有年限大于 4 年的免交营业税
       taxation=0;
    else
    {
       taxation = (soldPrice - boughtPrice) * rate;
    }
    return taxation;
}
```

（5）在类 Tax 中再添加一个方法 ComputeTax，用于计算企业利润税。代码如下。

```
public float ComputeTax(float profit,float rate)
{
    float taxation;
    taxation = profit * rate;
    return taxation;
}
```

（6）在主方法 Main 中编写如下代码，来计算各种情况下应交的税额。

```
static void Main(string[] args)
{
    float rate;                              //税率
    float salary,baseLine;                   //月薪、抵扣额
    float soldPrice,boughtPrice;             //房屋原价和现价
    int year;                                //房屋持有年限
    float frofit;                            //公司利润总额
    Tax tax = new Tax();                     //创建对象 tax
    Console.Write("输入你的月薪: ");
    salary =float.Parse( Console.ReadLine());
    Console.Write("输入工资的抵扣额: ");
    baseLine = float.Parse(Console.ReadLine());
    Console.Write("输入税率: ");
    rate = float.Parse(Console.ReadLine());
    Console.WriteLine("应交个人工资所得税: {0}元\n",
        tax.ComputeTax(salary, baseLine,rate));
    Console.Write("输入房屋原价: ");
    boughtPrice = float.Parse(Console.ReadLine());
    Console.Write("输入房屋现价: ");
    soldPrice = float.Parse(Console.ReadLine());
    Console.Write("输入税率: ");
    rate = float.Parse(Console.ReadLine());
    Console.Write("输入房屋持有年限: ");
    year = int.Parse(Console.ReadLine());
    Console.WriteLine("应交房屋交易营业税: {0}元\n",
        tax.ComputeTax(soldPrice,boughtPrice,year,rate));
    Console.Write("输入企业利润总额: ");
    frofit = float.Parse(Console.ReadLine());
    Console.Write("输入税率: ");
    rate = float.Parse(Console.ReadLine());
    Console.WriteLine("应交企业利润税: {0}元", tax.ComputeTax(frofit, rate));
}
```

执行程序，运行结果如图 9.3 所示。

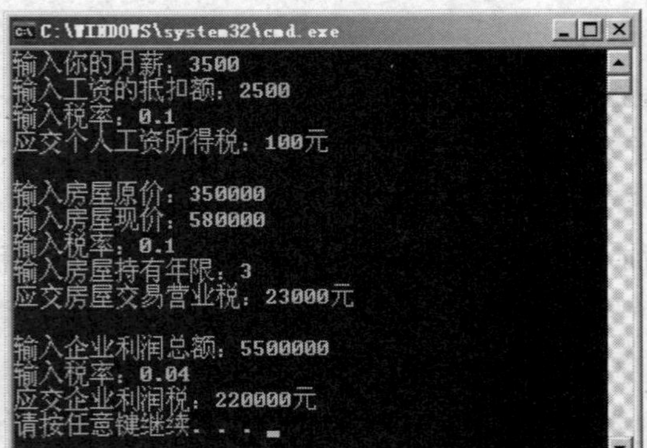

图 9.3　计算的各种税额

9.1.2 构造函数重载

【学一学】

构造函数也可以像方法一样重载，它是一种特殊的重载方式，其主要目的是满足用户创建对象的不同需要，从而为创建对象提供极大的方便。下面代码是一个构造函数重载的例子。

```
public class Comp                    //复数类
{
    float real, imaginary;           //实部和虚部
    public Comp(float r, float ur)
    {
        real = r;
        imaginary = ur;
    }
    public Comp(float r)             //构造函数重载
    {
        real = r;
        imaginary = 0;
    }
}
```

上述类 Complex 中的构造函数可以满足创建具有指定实部和虚部的复数的需要。带两个参数的构造函数可以创建既有实部、又有虚部的复数；带一个参数的构造函数可以创建仅有实部的复数。

如果一个类定义了重载的构造函数，则可以根据实际情况创建不同性质的对象。关于这一点，在C#中有着非常广泛的应用。例如，文件操作类 System.IO.StreamReader 提供了如下的一些构造函数。

```
public StreamReader (Stream stream);
public StreamReader (Stream stream,Encoding encoding);
public StreamReader (Stream stream,Encoding encoding,
    bool detectEncodingFromByteOrderMarks,int bufferSize) ;
public StreamReader (string path,bool detectEncodingFromByteOrderMarks) ;
```

利用这些构造函数，能够创建合适的 StreamReader 对象，对文件进行读操作。

9.1.3 运算符重载

【学一学】

运算符“+”不仅能对数值类型的数据进行加法运算，而且在处理字符串时，能使用运算符“+”连接多个字符串，如下列代码所示。

```
string s1, s2, s3;
s1 = "Hello ";
s2 = "World!";
s3 = s1 + s2;
```

可以看到这里的运算符“+”已经不是普通意义上的两个数值的相加，而是将两个字符串连接。这是因为字符串对象对该运算符进行了特别的处理，这种情况称为运算符的重载。运算符的重载是多态的一种表现，也可以看成是特殊的方法重载。

在 C#中，并不是所有的运算符都可以被重载，例如，is、sizeof、new、->等运算符不能被重载，能重载的运算符包括算术运算符、比较运算符等。若要重载运算符，则必须在类中定义下列方法。

```
[访问修饰符] static 返回数据类型 operator X(参数系列);
```

上述方法必须是静态的，其中 X 是重载的运算符的名称或符号。如果是一元运算符，则该方法必须具有一个参数；如果是二元运算符，则该方法必须具有两个参数，依次类推。

为方便复数运算，可在前面定义的复数类 Comp 中，为该复数类重载运算符“+”，使两个复数对象能使用运算符“+”相加，得到一个新的复数对象。新的复数对象的实部和虚部分别是两个复数对象的实部和虚部的和，重载的代码如下。

```
public static Comp operator +(Comp a, Comp b)  //重载运算符“+”
{
   return new Comp(a.real + b.real, a.imaginary + b.imaginary);
}
```

调用重载运算符的方法时，跟普通的方法不太一样，不是通过“类名.方法名”的形式来调用，而是直接用运算符对与形参同类型的实参进行运算。下列代码演示了对上述重载的运算符“+”的调用。

```
static void Main(string[] args)
{
   Comp comp1 = new Comp(5,7);                          //复数 1
   Comp comp2 = new Comp(4,9);                          //复数 2
   Comp comp3 = comp1 + comp2;                          //复数 3，调用重载的运算符“+”
   Console.WriteLine("复数({0})+({1})={2}",
      comp1.ShowValue(),comp2.ShowValue(),comp3.ShowValue());
}
```

上述代码中，方法 ShowValue 在类 Comp 中的定义如下。

```
public string ShowValue()
{
   return real+"+"+imaginary+"i";
}
```

运行上述主方法 Main，运行结果如图 9.4 所示。

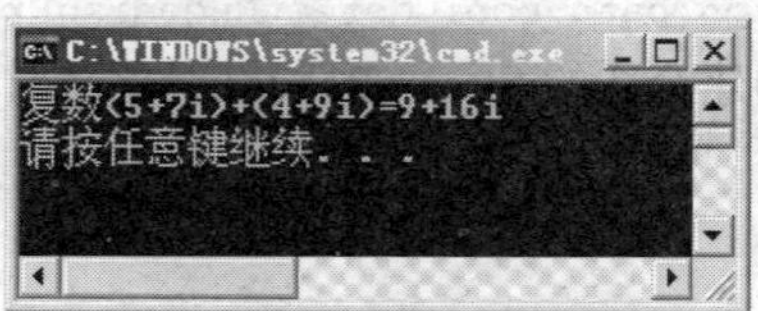

图 9.4　复数的加法运算

9.2 利用虚方法和方法隐藏实现多态

在 C#中，有多种途径实现多态，除了前面学习的方法重载、构造函数重载和运算符重载外，还有下面的虚方法和方法隐藏。由此可见，多态在面向对象编程中是随处可见的。

9.2.1 虚方法

【学一学】

虚方法是指用关键字 virtual 修饰，且能在派生类中重写的方法。这样同一个方法的声明在不同类中有不同的方法体，从而实现多态。虚方法实现多态主要分为两步。

（1）定义虚方法。定义虚方法就是在方法的访问修饰符和返回类型之间放置关键字 virtual。修饰符 virtual 不能和 static 或 abstract 同时使用，即虚方法不能同时为静态方法或抽象方法。其语法格式如下。

```
class 基类名
{
    [访问修饰符] virtual 返回类型 方法名(参数列表)
    {
        ......                  //方法体
    }
}
```

下列代码在 Person 类中定义了一个虚方法 Display。

```
class Person
{
    int age;
    string name;
    public Person(int age, string name)
    {
        this.age = age;
        this.name = name;
    }
    public virtual void Display()
    {
        Console.WriteLine("我叫{0}，年龄{1}岁。",name, age);
    }
}
```

一般情况下，虚方法不能定义为私有的，因为派生类在重写虚方法时会调用基类的虚方法。

（2）重写虚方法。子类重写虚方法时，要在子类的方法声明前加一个关键字 override。注意：只有定义为 virtual 或 abstract 的方法才能被重写。在派生类定义重写方法时，必须与基类中的虚方法结构一致。重写虚方法的语法格式如下。

```
class 派生类名
{
    [访问修饰符] override 返回值类型 方法名(参数列表)
    {
        ......                  //重写的方法体
    }
}
```

下列代码定义了一个子类 Student，在其中重写基类 Person 的虚方法 Display。

```
class Student : Person
{
    string no;
    public Student(int age, string name, string no):base(age,name)
    {
        this.no = no;
    }
    public override void Display()
```

```
    {
        base.Display(); //调用基类的虚方法
        Console.WriteLine("我的学号为{0}", no);
    }
}
```

上述代码中，使用 override 关键字定义了方法 Display，它重写了基类 Person 的 Display 虚方法。并且在方法体内使用 base 关键字调用了基类的虚方法。

如果从 Student 类中继续派生子类，派生类中可以继续重写 Display 方法，也可以不重写 Display 方法，此时相当于从 Student 类中继承重写后的 Display 方法。

通过前面抽象类的学习不难看出，通过抽象类也可以实现多态，其实现多态的机制与虚方法非常类似，可以将抽象类中的抽象方法或属性看成是特殊的虚方法和虚属性。比较含有抽象方法和虚方法的类，两者的主要异同点如表 9.1 所示。

表 9.1　含有抽象方法和虚方法的类的比较

相　同　点	不　同　点
含有抽象方法或虚方法的类通过继承，在派生类中实现多态	抽象类不能实例化，而定义虚方法的类可以实例化
在派生类中实现抽象方法或重写虚方法时，都使用关键字 override	抽象类的派生类必须实现抽象类中定义的抽象方法，而定义虚方法的类的派生类可以不重写虚方法

下列代码是一个抽象类实现多态的示例。

```
abstract class A
{
    abstract public void Show();
}
class B : A                          //类 B 从类 A 派生
{
    public override void Show()      //实现类 A 的抽象方法 Show
    {
        Console.WriteLine("this is a method in B");
    }
}
class C : B                          //类 C 从类 A 间接派生
{
    public override void Show()      //实现类 A 的抽象方法 Show
    {
        Console.WriteLine("this is a method in C");
    }
}
```

上述代码中，类 B 和类 C 分别从类 A 直接派生和间接派生，两个类都对类 A 的抽象方法 Show 进行了实现。为显示调用 Show 方法表现出来的多态性，可以编写如下代码来演示。

```
static void Main(string[] args)
{
    A a = new B();                   //a 是类 A 的变量
    a.Show();                        //a 调用的是类 B 的 Show 方法
    a = new C();
```

```
    a.Show();                       //a 调用的是类 C 的 Show 方法
}
```

执行程序，运行结果如图 9.5 所示。

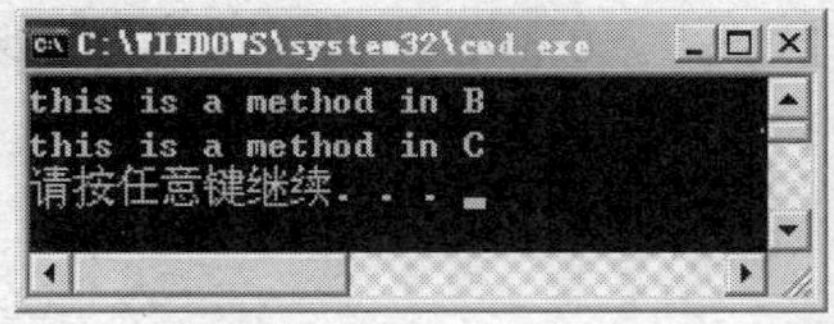

图 9.5　抽象类实现多态的运行结果

由此可见，抽象类 A 的对象 a 在调用方法 Show 时，能根据引用的派生类的类型，动态调用对应的方法，从而表现出多态。

【试一试】

任务 9.2

某一应用程序为了防止向数组中输入相同的学生对象，需要重新定义类 Object 的虚方法 Equals（比较两对象是否相等）。另外要求学生类 Student 继承自 Person 类，并重新实现 Person 类的虚方法 SayHello（普通人之间的问候），以实现学生之间的问候。

解决思路

（1）定义 Person 类，在其中添加虚方法 SayHello，该方法完成普通人之间的问候。

（2）定义继承自 Person 类的 Student 类，在其中重新定义 SayHello 方法和 Equals 方法。这两个方法分别完成学生之间的问候和学生对象的比较功能。

（3）在主方法 Main 中向学生数组添加成员，并显示第一个学生的问候信息。

完成步骤

（1）新建一个名为 Chapter9_2 的控制台应用程序。

（2）向项目中添加一个类文件 Person.cs。类 Person 的定义如下。

```
class Person
{
    protected string name;          //姓名
    protected int age;              //年龄
    protected string address;       //地址

    public Person(string name, int age,string address)
    {
        this.name = name;
        this.age = age;
        this.address = address;
    }
    public virtual void SayHello()  //普通人之间的问候
    {
        Console.WriteLine("大家好,我叫{0}, 来自{1},今年{2}岁",name,address,age);
    }
}
```

（3）向项目中添加一个类文件 Student.cs。类 Student 的定义如下。

```
class Student:Person
{
    string no;                      //学号
    string hobby;                   //爱好
    public Student(string name,string no,int age,string address,string hobby)
        : base(name, age, address)
    {
        this.no = no;
        this.hobby = hobby;
```

```
    }
    public override void SayHello()//学生之间的问候
    {
        Console.WriteLine("Hi,我叫{0}, 学号{1}, 今年{2}岁, 我的爱好是{3}",
            name,no,age,hobby);
    }
    public override bool Equals(object obj)
    {
        Student stu = (Student)obj;
        if (stu == null)
            return false;
        //学号和姓名相同则认为是同一个学生
        if (this.no == stu.no && this.name == stu.name)
            return true;
        else
            return false;;
    }
```

Object 类定义的虚方法 Equals 只是比较两个引用类型的引用本身是否相等，如果相等则返回 true，否则返回 false。这显然不适用于判断两个学生对象是否相同，故需要在学生类中对 Equals 方法重新定义。该重写方法用于判断学生对象的学号和姓名是否相同，如果相同则认为两个学生为同一学生，返回 true，否则返回 false。

（4）在主方法 Main 中创建一个学生数组，向数组中添加学生成员，并显示第一个学生的问候语。具体代码如下。

```
static void Main(string[] args)
{
    Student[] studs=new Student[30];            //创建一个学生数组
    //保存输入的学生信息的临时字符串数组
    string[] strs = new string[5];
    Console.WriteLine("请向学生数组中添加成员!");
    Console.WriteLine("输入学生姓名、学号、年龄、地址和爱好，输入各项以空格分隔，并以-1结束");
    for (int i = 0; i < studs.Length;i++ )
    {
        string temp=Console.ReadLine();
        if(temp=="-1")
            break;
        strs = temp.Split(new char[]{' '},5);//返回以空格分隔的子字符串构成的数组
        studs[i] = new Student(strs[0],strs[1],int.Parse(strs[2]),strs[3],strs[4]);
        for (int j = 0; j < i; j++)
        {
            if (studs[j].Equals(studs[i]))      //判读学生是否相同
            {
                Console.WriteLine("该学生已存在，请重新输入!");
                i--;
                break;
            }
        }
    }
    Console.WriteLine("输入完毕，以下是第一个学生的问候信息：");
    studs[0].SayHello();//显示第一个学生的问候语
}
```

执行程序，按提示输入学生的信息，运行结果如图 9.6 所示。

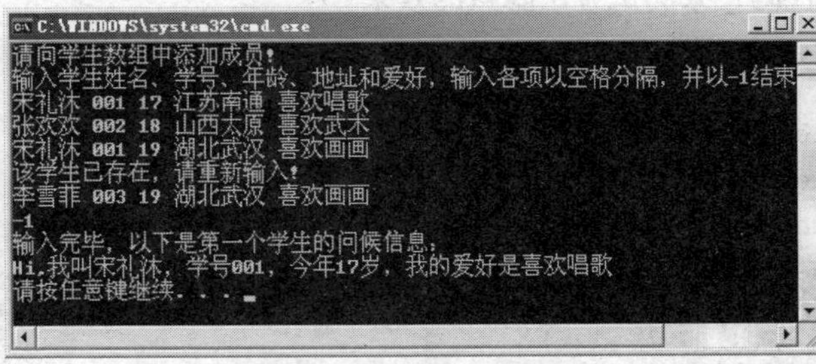

图 9.6　虚方法示例运行结果

9.2.2　方法隐藏

【学一学】

方法隐藏指的是派生类可以使用关键字 new 隐藏基类中的方法。隐藏方法时，要在派生类定义的方法前加关键字 new，方法的参数要跟基类中要隐藏的方法一致，但方法的返回值类型可以不同。与虚方法不同的是，如果基类的实例调用被派生类隐藏的方法时，不管基类的实例引用的是基类的对象，还是派生类的对象，均调用基类的方法而不是派生类隐藏的方法。方法隐藏的语法格式如下。

```
class 派生类名
{
  [访问修饰符] new 返回值类型 方法名(参数列表)
  {
    ……                         //方法体
  }
}
```

如果把任务 9.2 中 Person 类的方法 SayHello 改写为以下内容，即把关键字 virtual 去掉，那么在类 Teacher 中就能对方法 SayHello 进行隐藏。

```
public  void SayHello()           //普通人之间的问候
{
   Console.WriteLine("大家好,我叫{0}, 来自{1},今年{2}岁", name, address, age);
}
```

在类 Teacher 中对方法 SayHello 进行隐藏的代码如下。

```
class Teacher:Person
{
   string course;
   public Teacher(string name, int age, string address, string course)
      : base(name, age, address)
   {
      this.course = course;
   }
   public new void SayHello() //对基类的方法进行隐藏
   {
      base.SayHello();
      Console.WriteLine("我教的课程为{0}",course);
   }
}
```

为了演示方法隐藏实现多态，即上述方法 SayHello 在不同类中具有不同的行为。为此，在主方法 Main 中编写如下代码，来测试方法隐藏的效果。

```
static void Main(string[] args)
{
    Person zhangfei = new Person("张飞",30,"湖北武汉");
    zhangfei.SayHello();
    Person zhouxiao = new Teacher("周晓", 33, "江苏苏州", "C#语言");
    zhouxiao.SayHello();
    ((Teacher)zhouxiao).SayHello();
}
```

执行程序，运行结果如图 9.7 所示。

从上述程序的运行结果不难看出，虽然类 Person 的对象 zhouxiao 刚开始引用的是 Teacher 类的实例，由于 zhouxiao 是 Person 类型，所以调用的还是 Person 类的 SayHello 方法。后来通过语句(Teacher)zhouxiao 将对象 zhouxiao 强制转换为 Teacher 类型，最后调用的则是 Teacher 类的 SayHello 方法，从而实现了多态的效果。

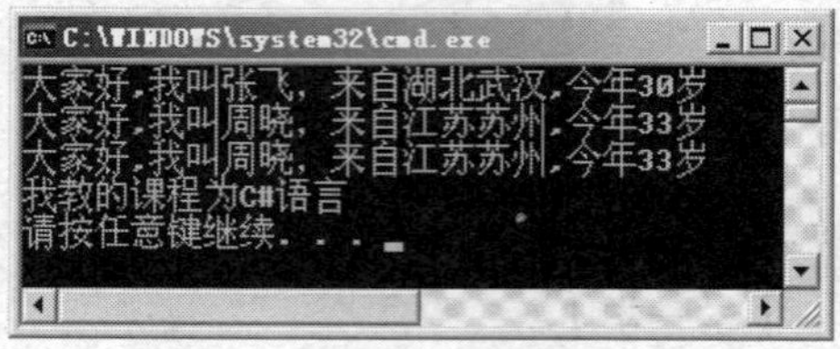

图 9.7　程序运行结果

9.3 通过接口实现多态

【学一学】

接口实现多态是指已实现接口的类在派生子类时可以有不同的实现方式。这种对接口的重新实现主要有两种方式：对接口直接重新实现以及对接口成员使用 virtual 关键字重新实现。

1. 对接口直接重新实现

从已实现接口的基类中派生新类时，将该接口列入派生类的继承列表中，在该派生类中对该接口重新实现。下列代码是一个对接口直接重新实现的示例。

```
public interface INotify//接口
{
    void Notify();
}
public class Stu:INotify
{
    public void Notify()//实现接口方法
    {
        Console.WriteLine("班委会让我通知大家，今天下午 3:30 开会");
    }
}
public class Monitor : Stu, INotify
{
    public void Notify()//重新实现接口
    {
        Console.WriteLine("接班主任通知，今天下午 2:30 开班会");
    }
}
```

上述代码中，助手类 Monitor 由 Stu 类派生，Stu 类本身已经实现 INotify 接口。但是在定义 Monitor 类时将接口 INotify 也列入该类的基类列表，意味着该类会对 INotify 接口重新实现。

2. 对接口成员使用 virtual 关键字重新实现

该方式是在基类实现接口的成员时，在该成员前面加关键字 virtual，来表示基类中声明的此方法是一个虚方法，此时在派生类中可以加关键字 override 对接口成员进行重新实现。

可以将上述代码稍做修改，形成如下的代码，来完成对接口成员的重新实现。

```
public interface INotify
  {
     void Notify();
  }
  public class Stu : INotify
  {
     public virtual void Notify()
     {
        Console.WriteLine("班委会让我通知大家，今天下午 3:30 开会");
     }
  }
  public class Monitor : Stu
  {
     public override void Notify()
     {
        Console.WriteLine("接班主任通知，今天下午 2:30 开班会");
     }
  }
```

上述代码对前面的代码进行了 3 处改动，即在类 Stu 的方法 Notify 前加关键字 virtual；定义类 Monitor 时，在基类列表中去掉 INotify 接口；在 Monitor 类中定义方法 Notify()时，加关键字 override。

【试一试】

任务 9.3

在日常生活中，对普通人员通常采用按姓名进行排序。而在重要的会议场合，对列席的官员通常要采用按行政级别进行排序。试在普通人类 Human 和公务员类 Official 分别实现接口 IComparable，来完成上述的排序功能。

解决思路

（1）为了实现各种不同的排序方式，可以让类实现接口 IComparable。该接口的定义如下。

```
public interface IComparable
{
   int CompareTo(object obj);
}
```

需要注意的是，在通过 Array 类的 Sort 方法对数组元素进行排序时，会根据元素对 IComparable 接口成员 CompareTo 方法的实现，将比较小的元素排在前面。

（2）定义继承接口 IComparable 的类 Human，实现方法 CompareTo。方法 CompareTo 按姓名的大小返回不同整数值。

（3）定义继承基类 Human、接口 IComparable 的类 Official。在类 Official 中对方法 CompareTo 直接重新实现，按行政级别高低返回不同的整数值。

（4）在主方法 Main 中分别创建类 Human、Official 的数组，调用 Sort 方法对上述两个数组的元素进行排序，来测试排序功能的实现。

完成步骤

（1）创建一个名为 Chapter9_3 的控制台应用程序。

（2）向项目中添加一个类文件 Human.cs。类 Human 的定义如下。

```
class Human:IComparable
{
    string name;                                         //姓名
    string sex;                                          //性别

    public string Name
    {
        get { return name; }
    }
    public string Sex
    {
        get { return sex; }
    }

    public Human(string name, string sex)
    {
        this.name = name;
        this.sex = sex;
    }

    public virtual int CompareTo(object obj) //实现接口中的方法 CompareTo
    {
        Human human = (Human)obj;
        if (this.name.CompareTo(human.name) < 0)
            return -1;
        else if (this.name == human.name)
            return 0;
        else
            return 1;
    }
}
```

上述代码中，实现的方法 CompareTo 是对人员的姓名进行比较，以实现今后对人员按姓名进行升序排序。

（3）向项目中添加一个类文件 Official.cs。类 Official 的定义如下。

```
class Official : Human
{
    int grade;                                           //行政级别
    public int Grade
    {
        get { return grade; }
    }

    public Official(string name, string sex, int grade)
        : base(name, sex)
    {
        this.grade = grade;
```

```
        }

        public override int CompareTo(object obj)//重新实现接口方法 CompareTo
        {
            Official official = (Official)obj;
            if (this.grade >official.grade)
                return -1;
            else if (this.grade == official.grade)
                return 0;
            else
                return 1;
        }
    }
```

上述代码中，在对接口方法 CompareTo 重新实现时，若当前对象 this 的行政级别高于参数的行政级别时，该方法返回的是-1，也就是将行政级别大的对象排在前面，从而实现对人员按行政级别降序排序。

（4）在主方法 Main 中创建各类人员的数组，然后分别按姓名和行政级别对他们进行排序，并输出排序后的结果，具体代码如下。

```
    static void Main(string[] args)
    {
        Human[] humans = new Human[3]              //普通人员数组
        {
            new Human("王英", "女"), new Human("李晓", "男"), new Human("张华", "女")
        };
        Official[] offis = new Official[3]         //行政官员数组
        {
            new Official("王英", "女",2),new Official("李晓", "男",10),new Official("张华",
"女",8)
        };
        Array.Sort(humans);                        //按姓名升序排序
        Console.WriteLine("按姓名排序后的人员次序为：");
        foreach (Human human in humans)
            Console.WriteLine("{0}", human.Name);
        Console.WriteLine("按行政级别排序后的人员次序为：");
        Array.Sort(offis);                         //按行政级别降序排序
        foreach (Official offi in offis)
            Console.WriteLine("{0}，行政级别为{1}", offi.Name, offi.Grade);
    }
```

执行程序，运行结果如图 9.8 所示。

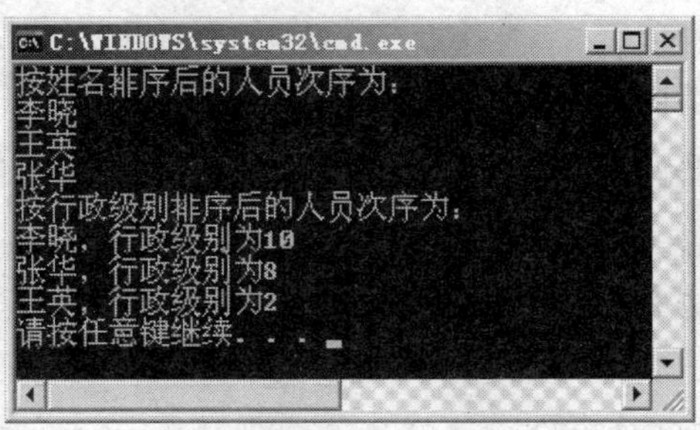

图 9.8　人员按姓名和行政级别排序后的结果

本章小结

本章介绍了 C#面向对象编程的一个重要特性：多态。多态在 C#中有多种实现的方式，其中包括通过方法重载、构造函数重载、运算符重载来实现多态，也可以通过虚方法重写、方法隐藏和接口重新实现来实现多态。

方法重载是 C#中实现多态的重要和常见的形式，它主要通过参数的变化（包括参数类型、参数个数、参数次序）来满足同名方法的调用及创建对象的需要。对于这一点，希望读者仔细体会并灵活掌握。

练一练

任务 9.4

某城市的家庭按如下方式缴纳电话费、水费和电费：单独缴纳电话费；同时缴纳水费和电费；同时缴纳电话费、水费和电费。各种费用的计算公式如下。

电话费=短途费用+长途费用。短途费用是前 3 分钟按每分钟 0.2 元，后续按每分钟 0.1 元计算，不足 3 分钟按 3 分钟计算。

水费=用水量×2.2 元/吨。

电费=峰时用电量×0.55 元/度+谷时用电量×0.4 元/度。

试创建一个家庭类 Home 来完成上述的缴费功能，要求家庭的多种缴费方式用构造函数来完成，各种计费公式用方法的重载来完成。

操作要求

（1）创建一个名为 Chapter9_4 的控制台应用程序。

（2）向项目中添加一个类文件 Home.cs。类 Home 包含如下成员变量。

```
int lsecond, ssecond;                      //长话、短话通话时间(分钟)
float waterQuan;                           //用水量(吨)
float elecHigh, elecLow;                   //峰时、谷时用电量(度)
```

（3）定义类 Home 的构造函数。构造函数有如下 3 种重载原型。

```
public Home(int lsecond,int ssecond);
public Home(float waterQuan,float elecHigh, float elecLow);
public Home(int lsecond,int ssecond,float waterQuan,float elecHigh,float elecLow);
```

（4）定义类 Home 的方法 PayBill。该方法有如下 3 种重载原型，分别对应上述任务中的 3 种计算公式。

```
public float PayBill(int lsecond, int ssecond);
public float PayBill(float waterQuan);
```

```
public float PayBill(float elecHigh, float elecLow);
```

（5）在主方法 Main 编写如下代码，来测试家庭的缴费功能。

```
Home home1 = new Home(5,6);              //单独缴纳电话费
Home home2 = new Home(10, 30, 20);       //同时缴纳水费和电费
Home home3 = new Home(5,6,10,30,20);     //同时缴纳电话费、水费和电费
```

执行结果

执行程序，运行结果如图 9.9 所示。

任务 9.5

学生都有学习的任务，但不同类型的学生学习的内容是不一样的，如中学生面临高考学习很辛苦，大学毕业生为适应就业需岗前培训。试定义学生接口 IStudent、继承自接口的类 MiddStudent 和类 MiddStudent 的派生类 Graduate，来满足上述不同阶段学生的学习要求（要求使用 virtual 关键字重新实现接口的方法 Study）。

操作要求

（1）创建一个名为 Chapter9_5 的控制台应用程序。

（2）向项目中添加一个接口类 IStudent.cs。接口 IStudent 声明有如下方法。

```
void study();//声明学习方法
```

（3）向项目中添加一个类文件 MiddStudent.cs。类 MiddStudent 定义有虚拟方法 Study 来实现接口 IStudent。且类 MiddStudent 含有如下成员变量。

```
protected string name;          //姓名
protected string school;        //就读学校
```

（4）向项目中添加一个类文件 Graduate.cs。类 Graduate 定义有如下新的成员，并重新实现接口方法 Study。

```
private string company;         //就业单位
```

（5）在主方法 Main 中创建类 MiddStudent、Graduate 的实例，并分别调用方法 Study，来测试实现的效果。

执行结果

执行程序，运行结果如图 9.10 所示。

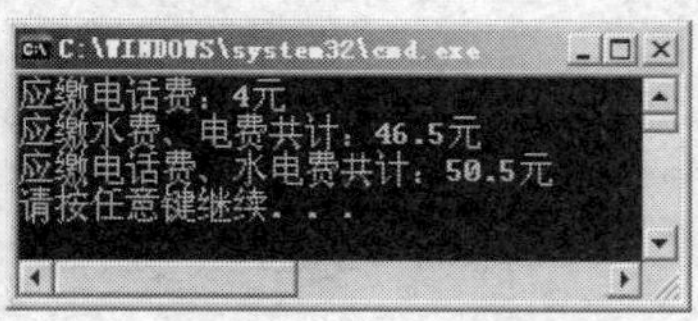

图 9.9　用户在多种方式下要缴纳的费用

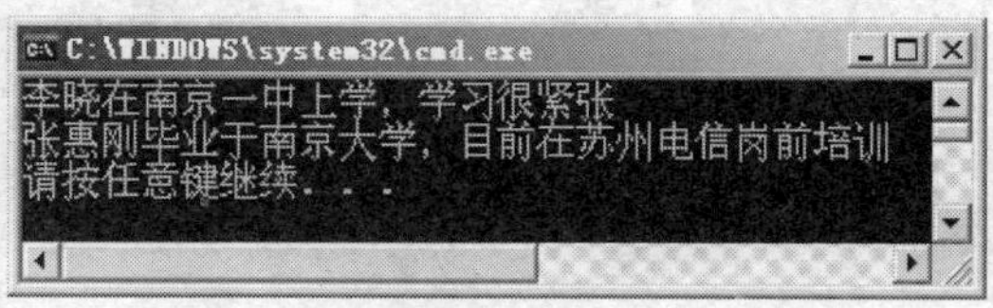

图 9.10　不同类型学生的学习内容

习题 9

一、填空题

1. 方法重载指的是可以在类中定义多个________的方法，而这些方法的参数各不

相同。

2. 定义虚方法就是在方法的访问修饰符和返回类型之间放置关键字________。它不能和________或________同时使用，即虚方法不能同时为静态方法或抽象方法，也不能和 override 关键字同时使用，即虚方法不能同时为重写方法。

3. 接口实现多态指的是已实现接口的类在派生子类时可以有不同的实现方式。对接口的重新实现主要有两种方式：________和________。

4. 有如下定义。

```
class M
{
    public string Mid(params string[] a)
    {
        return a[a.Length / 2];
    }
}
```

则以下程序段的输出结果为________。

```
M m = new M();
Console.WriteLine(m.Mid("Beijing", "Tianjin", "Shanghai", "Guangzhou"));
```

5. 有如下定义。

```
class A
    {
        public void Disp()
        {
            Console.WriteLine("this is a function in A");
        }
    }
    class B : A
    {
        public new virtual void Disp()
        {
            Console.WriteLine("this is a function in B");
        }
    }
    class C:B
    {
        public override void Disp()
        {
            Console.WriteLine("this is a function in C");
        }
    }
```

则以下程序段的输出结果为________。

```
A a = new C();
a.Disp();
B b = new B();
b.Disp();
b = new C();
b.Disp();
```

二、选择题

1. 下列关于重载的说法，错误的是（　　）。

A. 方法可以通过指定不同的参数个数重载

B. 方法可以通过指定不同的参数类型重载

C. 方法可以通过指定不同的参数传递方式重载

D. 方法可以通过指定不同的返回值类型重载

2. 下列关于运算符重载的说法，正确的是（　　）。

A. 所有的运算符均可以重载

B. 重载运算符的方法名可以任意指定

C. 三元运算符重载时必须指定 3 个参数

D. 调用运算符重载方法和调用普通方法没有任何区别

3. 关于虚方法实现多态，下列说法错误的是（　　）。

A. 定义虚方法使用关键字 virtual

B. 关键字 virtual 可以与 override 一起使用

C. 虚方法是实现多态的一种应用形式

D. 派生类可以不重写虚方法

4. 下列说法中正确的是（　　）。

A. 抽象方法实现多态不具有动态联编的特点

B. 方法隐藏实现多态具有静态联编的特点

C. new 关键字可以跟 override 一起使用

D. new 关键字不可以跟 virtual 一起使用

5. 下列叙述错误的是（　　）。

A. 方法隐藏实现多态时，如果基类的实例调用被派生类隐藏的方法时，均调用基类的方法而不是派生类隐藏的方法

B. 接口实现多态主要有两种重新实现接口的方法

C. 类在实现接口的属性成员时，可以在前面加 virtual 关键字

D. 类在实现接口的方法成员时，可以在前面加 virtual 关键字

三、综合题

1. 什么叫方法重载？重载的方式有哪些？最常用的方式有哪几种？

2. 简述使用抽象类、虚方法和方法隐藏实现多态的异同点。

3. 接口实现多态有哪些方法？简述这些方法实现多态的步骤。

4. 编写类 Comp 来重载运算符“-”，并编写代码测试该重载的实现。

5. 在任务 9.3 的基础上，再定义一个工人类 Worker，它从 Human 类中派生，同时实现接口 IComparable，用来实现将工人的月工资从多到少排序（工人的月工资=hours×wages×30，其中 hours 是每天工时，wages 是每小时工资）。

第10章 集合和泛型

学习目标

- 根据实际情况选择合适的集合来处理数据
- 利用集合处理大批量的数据
- 利用泛型处理特定类型的数据

10.1 集合

在实际编程过程中，常会碰到按一定的要求来处理和计算数据，如堆栈操作、队列操作或系列数据的增、删、改、查等。在C#中提供了各种类型的集合，这些集合有各自特定的数据结构和数据的组织方式，来满足这方面的应用。数据集合类都位于System.Collections命名空间中。

10.1.1 ArrayList 类

【学一学】

ArrayList 是一个可动态扩充容量的集合，它的功能类似于数组，通过索引来访问集合内的元素。表 10.1 列出了 ArrayList 类常用的属性和方法。

表 10.1　　ArrayList 类常用的属性和方法

属　性	说　明
Capacity	获取或设置集合可包含的元素数，默认容量是 16
Count	获取集合中实际包含的元素数
方　法	**说　明**
Add	将元素添加到集合的结尾处

续表

方　　法	说　　明
AddRange	将多个元素添加到集合的结尾处
BinarySearch	使用对分检索算法在已排序的集合中查找特定元素
Clear	从集合中移除所有元素
CopyTo	将 ArrayList 或它的一部分复制到一维数组中
IndexOf	返回某个值从零开始的第一个匹配项的索引
Insert	将元素插入到集合的指定索引处
LastIndexOf	返回某个值从零开始的最后一个匹配项的索引
Remove	从集合中移除特定值的第一个匹配项
RemoveAt	移除集合中指定索引处的元素
Reverse	将集合中元素的顺序反转
Sort	对集合或它的一部分元素进行排序
TrimToSize	将集合的容量设置为元素的实际数目

【试一试】

任务 10.1

从键盘输入若干个评委打出的分数，去掉一个最高分和一个最低分，求平均分。

解决思路

（1）将输入的分数保存在一个 ArrayList 集合中。

（2）对集合中的元素进行排序。

（3）去掉第一个和最后一个元素。

（4）求平均分并输出。

完成步骤

（1）创建一个名为 Chapter10_1 的控制台应用程序。

（2）在控制台应用程序中添加一个新的类 Average，类文件 Average.cs 的内容如下。

```
using System;
using System.Collections;

namespace Chapter10_1
{
   class Average
   {
      ArrayList al = new ArrayList();

      public void AddMark()//添加评委的分数，以-1 结束
      {
         int i=0;
         while(true)
         {
            Console.Write("请输入评委的分数(以-1 结束)：");
```

```
            i = int.Parse(Console.ReadLine());
            if (i != -1)
                al.Add(i);
            else
                break;
        }
    }

    public void SortAndDel()        //对分数进行排序，并删除最高分和最低分
    {
        if(al.Count>2)
        {
            al.Sort();
            al.RemoveAt(0);
            al.RemoveAt(al.Count-1);
        }
    }

    public float GetAvg()           //求平均分
    {
        float sum=0f;
        foreach(int i in al)
        {
            sum += i;
        }
        return sum / al.Count;
    }
  }
}
```

在上述类Average中引用了命名空间System.Collections，以便使用该命名空间包含的ArrayList集合。上述代码利用ArrayList集合的Add方法添加元素，利用Sort和RemoveAt方法实现集合的排序和删除指定的元素，利用属性Count获取集合实际包含的元素个数，利用foreach语句遍历整个集合。

（3）在主方法Main中编写以下代码，来输出统计后的平均成绩。

```
static void Main(string[] args)
{
    Average ave = new Average();
    ave.AddMark();
    ave.SortAndDel();
    Console.WriteLine("平均分是：{0}",ave.GetAvg());
}
```

执行程序，输入评委打出的分数，运行结果如图10.1所示。

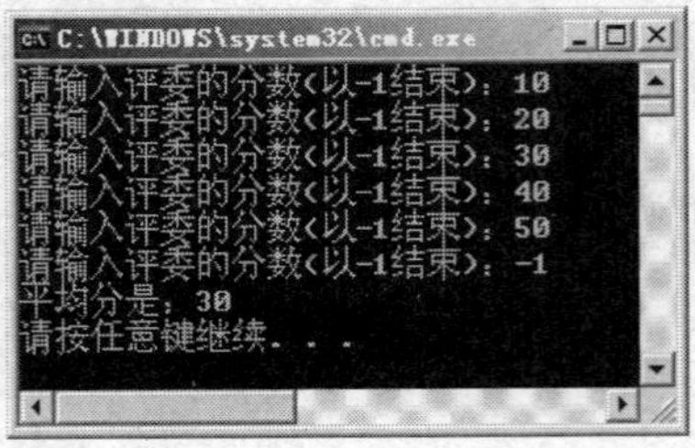

图10.1　输出的平均分

10.1.2　Hashtable 类

【学一学】

哈希表 Hashtable 是一种数据字典集合，它将数据作为一组键/值对来保存。集合里的值是根据键的编码来组织的。显然，如果要保存类似于邮政编号/地名这样的数据对，采用哈希表无疑是不错的选择。不能采用索引访问哈希表中的值，但能通过键访问哈希表中的值。表 10.2 列出了 Hashtable 类常用的属性和方法。

表 10.2　　Hashtable 类常用的属性和方法

属　性	说　明
Count	获取包含在 Hashtable 中的键/值对的数目
Keys	获取 Hashtable 中键的 ICollection
Values	获取 Hashtable 中值的 ICollection
方　法	**说　明**
Add	将带有指定键和值的元素添加到 Hashtable 中
ContainsKey	确定 Hashtable 是否包含特定键
Remove	从 Hashtable 中移除带有指定键的元素

【试一试】

任务 10.2

创建一个邮政编码/地名速查簿，完成邮政编码/地名的增、删、查操作。

解决思路

（1）新建一个哈希表作为速查簿。

（2）分别定义增、删、查方法。

（3）调用上述定义的方法完成邮政编码/地名的增、删、查操作。

完成步骤

（1）创建一个名为 Chapter10_2 的控制台应用程序。

（2）在控制台应用程序中添加一个新的类 PostalcodeBook，类文件 PostalcodeBook.cs 的内容如下。

```
using System;
using System.Collections;

namespace Chapter10_2
{
    class PostalcodeBook
    {
        Hashtable hash = new Hashtable();     //速查簿

        public void AddCode()                 //添加邮编/地名
        {
            Console.WriteLine("添加邮政编号和地名，按-1 退出：");
            string code, placeName;
```

```
            while(true)
            {
                Console.Write("请输入邮政编号: ");
                code = Console.ReadLine();
                if (code != "-1")
                {
                    Console.Write("请输入地名: ");
                    placeName = Console.ReadLine();
                    hash.Add(code, placeName);
                }
                else
                    break;
            }
        }

        public string FindPlace(string postalcode)              //按邮编查找地名
        {

            return hash[postalcode]!=null?hash[postalcode].ToString():"没有找到";
        }

        public void DeleteItem(string postalcode)              //删除指定邮编对应的元素
        {
            hash.Remove(postalcode);
        }

        public void PrintAllPlace()                            //输出速查簿中所有的地名
        {
            int i = 0;
            foreach(object place in hash.Values)
            {
                Console.Write("{0,-10}", place);
                i++;
                if (i % 5 == 0)
                    Console.WriteLine();
            }
        }
    }
}
```

在上述类 PostalcodeBook 中，定义了对哈希表速查簿 hash 的增、删、查和遍历输出操作。

（3）在主方法 Main 中编写如下代码，向速查簿中增加邮编/地名，删除指定邮编对应的项，查找地名和输出上述操作后的速查簿内容。

```
static void Main(string[] args)
{
    PostalcodeBook pb = new PostalcodeBook();
    pb.AddCode();                                                   //增加邮编/地名
    Console.WriteLine("要找的地名是: {0}",pb.FindPlace("432100"));   //查找地名
    pb.DeleteItem("226000");                                        //删除指定的项
    pb.PrintAllPlace();                                             //输出操作后的结果
}
```

运行程序，按提示添加若干邮编/地名，运行的结果如图 10.2 所示。

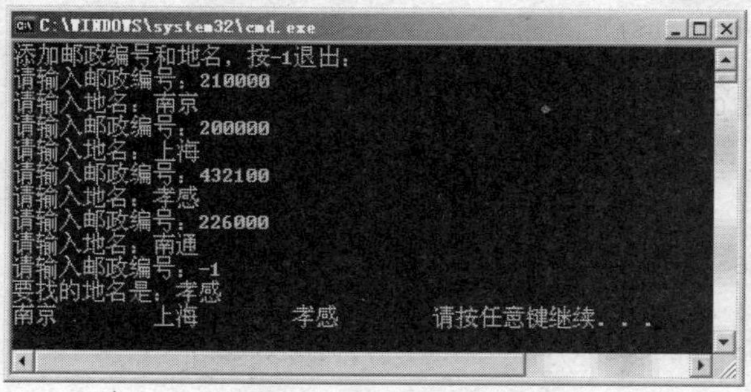

图 10.2　程序的执行结果

10.1.3　Stack 类

【学一学】

在 C 语言中，通过指针在线性表的一端按照“先进后出”或“后进先出”的原则来操作元素，这种线性表称为栈(Stack)。

而在 C#中，通过类 Stack 来封装对栈的操作，使得对栈的操作变得非常简单和容易理解。表 10.3 列出了栈集合常用的属性和方法。

表 10.3　栈集合常用的属性和方法

属　性	说　明
Count	获取 Stack 中包含的元素数
方　法	**说　明**
Peek	返回位于栈顶部的对象但不将其移除
Pop	移除并返回位于栈顶部的对象
Push	将对象插入 Stack 的顶部

由表 10.3 可以看出，通过方法 Push、Pop 能实现栈的入栈和退栈操作，通过方法 Peek 能获取栈顶的元素。

【试一试】

任务 10.3

随机将若干枚 1 角、5 角、1 元的硬币放到一个狭长的黑色玻璃管中，现要取出一枚 5 角的硬币来使用，统计取出首枚 5 角硬币的次数并输出。

解决思路

（1）创建一个容纳硬币的栈。

（2）定义一个向栈投放硬币的方法。

（3）定义一个从栈取 5 角硬币的方法。

（4）将取出一枚 5 角硬币的所用次数输出。

完成步骤

（1）创建一个名为 Chapter10_3 的控制台应用程序。

（2）向控制台应用程序中添加一个新的类 CoinBox，类文件 CoinBox.cs 的内容如下。

```
using System;
using System.Collections;

namespace Chapter10_3
{
    class CoinBox
    {
        Stack coinBox = new Stack();        //容纳硬币的栈

        public void PushCoin()              //向栈投放硬币
        {
            int number;
            Console.WriteLine("请输入硬币的面额(1/5/10),按-1退出");
            number =int.Parse(Console.ReadLine());
            while(number!=-1)
            {
                coinBox.Push(number);
                number = int.Parse(Console.ReadLine());
            }
        }

        public int FindCoin()               //统计找出首枚 5 角硬币的次数
        {
            int number;
            int i=0;
            while(coinBox.Count>0)
            {
                i++;
                number = (int)coinBox.Pop();
                if(number==5)
                {
                    break;
                }
            }
            return i;
        }
    }
}
```

上述代码展示了利用 Push 方法向栈集合添加元素，利用方法 Pop 移除栈集合顶部的元素。属性 Count 能自动保存增加和移除元素后栈的元素个数。

（3）在主方法 Main 中添加如下代码，以向栈中添加元素和输出找到首枚 5 角硬币的统计次数。

```
static void Main(string[] args)
{
    CoinBox cb = new CoinBox();
    cb.PushCoin();                              //添加硬币
    Console.WriteLine("取出首枚 5 角硬币所用的次数是: {0}",cb.FindCoin());//输出统计次数
}
```

执行程序，添加若干面额不等的硬币，运行结果如图 10.3 所示。

由图 10.3 所示的程序执行结果不难看出，对栈的操作遵循“后进先出”的原则，且操作是在栈顶完成的。

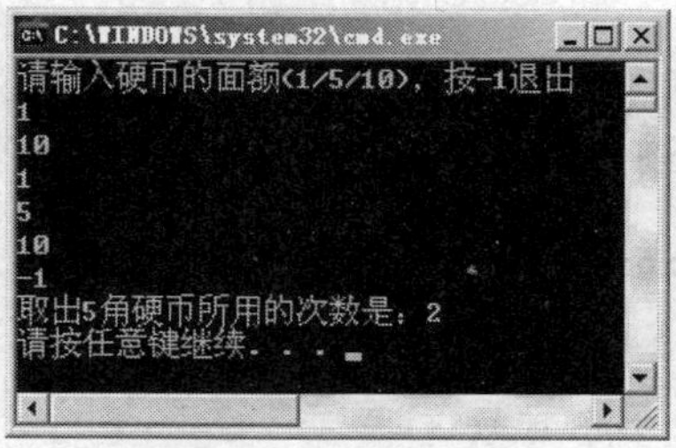

图 10.3　程序的执行结果

10.1.4　Queue 类

【学一学】

在某种线性表中，需要加入的元素总是插入到线性表的末端，且总是从线性表的头部取出或删除元素，这种线性表称为队列。在 C#中，通过 Queue 集合来封装对队列的操作，在队列中对元素的操作遵循“先进先出”的原则。表 10.4 列出了类 Queue 常用的属性和方法。

表 10.4　类 Queue 常用的属性和方法

属　性	说　明
Count	获取 Queue 中包含的元素数
方　法	**说　明**
Dequeue	移除并返回 Queue 开始处的对象
Enqueue	将对象添加到 Queue 的结尾处
Peek	返回位于 Queue 开始处的对象但不将其移除

由表 10.4 可以看出，通过方法 Enqueue 和 Dequeue 分别完成队列的入队和退队操作。

【试一试】

任务 10.4

随机产生 100 个 1～100 的数放在一个队列中，统计队列中指定数的个数并输出。

解决思路

（1）创建一个 Queue 队列。

（2）产生 100 个随机数并放入队列中。

（3）从队列中找出与指定数相同的数字并计数。

（4）输出统计的个数。

完成步骤

（1）创建一个名为 Chapter10_4 的控制台应用程序。

（2）在控制台应用程序中添加一个新的类 QueueNumber，并按以下内容编写类文件 QueueNumber.cs 的代码。

```
using System;
using System.Collections;

namespace Chapter10_4
{
```

```
class QueueNumber
{
    Queue queue = new Queue();          //创建队列集合

    public void AddNumber()             //向队列中添加 100 个随机数
    {
        Random random = new Random();
        for (int i = 0; i < 100;i++ )
        {
            queue.Enqueue(random.Next(100)+1);
        }
        Console.WriteLine("100 个随机数添加完毕! ");
    }

    public int FindNumbers(int n)       //统计与 n 相同值的元素的个数
    {
        int count = 0;
        while(queue.Count>0)
        {
            if ((int)queue.Dequeue() == n)
                count++;
        }
        return count;
    }
}
```

上述代码中的 Random 类是用来产生随机数的，该类的方法 Next 产生一个小于实参值的非负整数。

（3）在主方法 Main 中编写如下代码，提示用户输入要找的数，并输出统计后的结果。

```
static void Main(string[] args)
{
    QueueNumber qn = new QueueNumber();
    qn.AddNumber();
    Console.Write("输入要找的数: ");
    int n =int.Parse(Console.ReadLine());
    Console.WriteLine("出现的次数有{0}次! ",qn.FindNumbers(n));
}
```

执行程序，输入要找的数，程序的运行结果如图 10.4 所示。

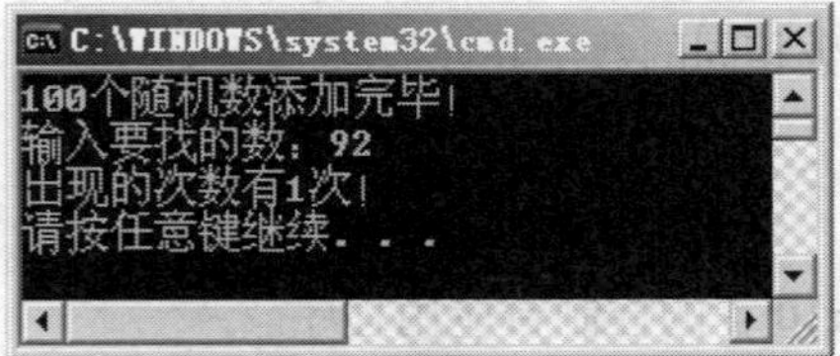

图 10.4　程序的执行结果

10.2 泛型

泛型是 C#2.0 版新添的一个功能。使用泛型类型可以最大限度地重用代码、保护类型的安全以及提高性能。泛型最常见的用途是创建集合类。

在详细学习泛型之前，先看下列一段代码。

```
static void Main(string[] args)
{
    ArrayList array = new ArrayList();
    int i = 10;
    array.Add(i);
    i = array[0];
}
```

启动调试，会出现如图 10.5 所示的编译错误。

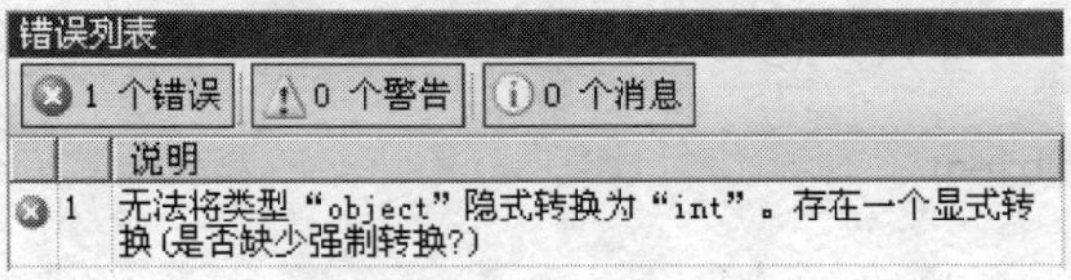

图 10.5　出现的错误提示

双击错误列表中的错误提示，发现错误出现在 *i*=array[0]这一代码行。显然整型变量 *i* 与对象类型的元素 array[0]数据类型不一致，才导致了错误的发生。由此可见，前面所学习的几种类型的集合在保存数据时，是不会进行数据类型检查的，而在取元素值进行运算时，必须对元素值进行相应类型的转换才能保证程序的安全。实际的情况是，有时不知道集合中到底有哪些类型的数据存在，这时对元素的处理比较麻烦，难免会出现一些异常情况。

泛型的出现能避免上述情况的发生，给用户提供一种泛型类以约束访问特定数据类型的方法，解决了很多繁琐的集合操作问题。正是由于泛型具有上述优势，在添加的类文件中，会默认引用泛型类所在的命名空间 System.Collections.Generic，系统建议编程人员在使用集合时，要选用泛型集合。在命名空间 System.Collections.Generic 中，定义了 Comparer<>、Dictionary<>、List<>、Queue<>、Stack<>等多种类型的泛型集合类，下面学习几个典型的泛型集合类。

10.2.1　List<T>类

【学一学】

利用 List<T>类创建一个泛型集合的格式如下。

```
List<T> 集合名称=new List<T>();
```

其中 T 是指集合中元素的类型，也就是向集合中添加的元素类型要受到 T 的约束。例如，以下教师类 Teacher。

```
class Teacher
{
    private string name;
    private string sex;
    private int age;
    private string subject;

    public string Name
    {
        get { return name; }
        set { name = value; }
```

```
    }

    public string Sex
    {
        get { return sex; }
        set { sex = value; }
    }

    public int Age
    {
        get { return age; }
        set { age = value; }
    }

    public string Subject
    {
        get { return subject; }
        set { subject = value; }
    }

    public Teacher(string name,string sex,int age,string subject)
    {
        this.name = name;
        this.sex = sex;
        this.age = age;
        this.subject = subject;
    }
}
```

现要将多个 Teacher 实例放在 List<T>集合中，可通过以下方法首先创建一个 List<Teacher>泛型集合 teachers。然后将多个实例放入集合 teachers 中，如以下代码所示。

```
List<Teacher> teachers = new List<Teacher>();
Teacher songbo = new Teacher("宋波","男",32,"英语");
teachers.Add(songbo);
......
```

显然，集合 teachers 中只能存放 Teacher 类型的变量，这样在读取集合 teachers 中的元素进行计算时，是不需要类型转换操作的。对 List<>类更多的了解如表 10.5 所示。

表 10.5　　类 List<>常用的属性和方法

属　性	说　明
Capacity	获取或设置集合能够保存的元素总数
Count	获取集合中实际包含的元素数
方　法	**说　明**
Add	将对象添加到集合的结尾处
AddRange	将指定集合的元素添加到 List 集合的末尾
Insert	将元素插入到集合的指定索引处
Remove	从集合中移除特定对象的第一个匹配项
RemoveAt	移除集合中指定索引处的元素

由表 10.5 可以看出，List<T>泛型集合与 ArrayList 集合的使用方法非常类似，只是 List<T>集合不需要类型的转换。

【试一试】

任务 10.5

创建一个关于教师基本情况的记录簿，用来管理教师的基本信息，即能添加、删除和预览教师记录。

解决思路

（1）创建一个保存教师记录的泛型集合。

（2）向泛型集合中添加记录。

（3）从泛型集合中删除指定姓名的元素。

（4）遍历泛型集合，输出所有的教师记录。

完成步骤：

（1）创建一个名为 Chapter10_5 的控制台应用程序。

（2）向控制台应用程序中添加一个新的类 TeacherList，类文件 TeacherList.cs 的代码如下。

```
using System;
using System.Collections.Generic;

namespace Chapter10_5
{
    class TeacherList
    {
        List<Teacher> list = new List<Teacher>(); //创建一个保存教师记录的泛型

        public void AddTeacher()                        //向泛型集合 list 中添加元素
        {
            string name, sex, subject;
            int age;
            Console.WriteLine("添加教师记录，按-1 退出");
            Console.Write("姓名：");
            name = Console.ReadLine();
            while(name!="-1")
            {
                Console.Write("性别：");
                sex = Console.ReadLine();
                Console.Write("年龄：");
                age =int.Parse(Console.ReadLine());
                Console.Write("讲授学科：");
                subject = Console.ReadLine();
                Teacher teacher = new Teacher(name,sex,age,subject);
                list.Add(teacher);
                Console.Write("姓名：");
                name = Console.ReadLine();
            }
        }

        public void DelTeacher(string name)  //删除泛型集合 list 中指定姓名的元素
        {
```

```
            foreach(Teacher teacher in list)
            {
                if(teacher.Name==name)
                {
                    list.Remove(teacher);
                    break;
                }
            }
        }

        public void ViewTeacher()     //预览泛型集合 list 中所有的教师记录
        {
            foreach(Teacher teacher in list)
            {
                Console.WriteLine("{0,-10}{1,-10}{2,-10}{3,-10}",teacher.Name,
                    teacher.Sex,teacher.Age,teacher.Subject);
            }
        }
    }
}
```

（3）在主方法 Main 中编写如下代码，添加、删除和预览教师记录簿中的元素。

```
static void Main(string[] args)
{
    TeacherList tl = new TeacherList();
    tl.AddTeacher();                    //添加教师记录
    Console.Write("输入要删除的教师姓名：");
    string name = Console.ReadLine();
    tl.DelTeacher(name);                //删除指定姓名 name 的教师记录
    Console.WriteLine("操作完记录簿后教师的记录如下：");
    tl.ViewTeacher();                   //浏览所有的教师记录
}
```

执行程序，按提示添加教师记录，输入要删除的教师的姓名，程序的运行结果如图 10.6 所示。

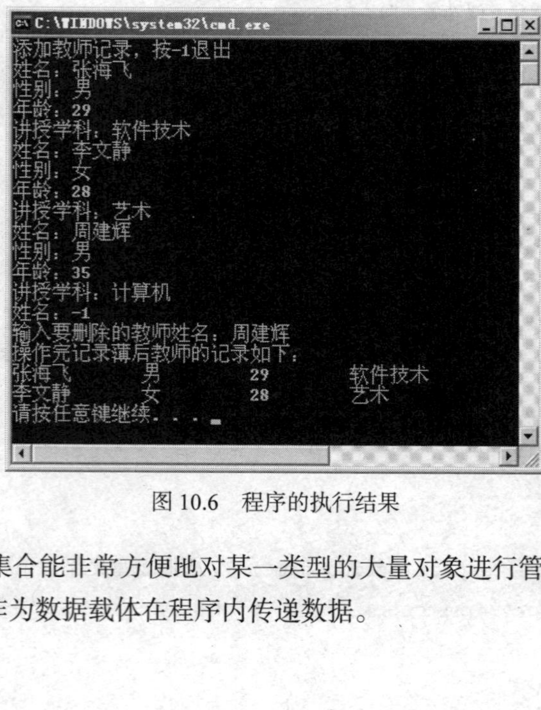

图 10.6　程序的执行结果

由此可见，List<T>集合能非常方便地对某一类型的大量对象进行管理，因此在大型应用程序中，通常利用泛型集合作为数据载体在程序内传递数据。

10.2.2 Dictionary<K，V>类

【学一学】

通过前面的学习，可以看出 List<T>集合能够替代 ArrayList 集合来使用，且能保证元素类型更为安全。那么是否存在另一种泛型集合，它能按照键/值对的形式保存特定类型的元素呢？在命名空间 System.Collections.Generic 中，的确存在一个名叫 Dictionary<K,V>的泛型集合，能按照类似哈希表存储数据的方式保存数据，且能对保存的数据进行类型检查。在 Dictionary 中的任何键都必须是唯一的，键不能为空，但是，如果值类型为引用类型，则值可以为空。表 10.6 列出了类 Dictionary<K,V>常用的属性和方法。

表 10.6　　类 Dictionary<K,V>常用的属性和方法

属　性	说　明
Count	获取包含在 Dictionary 中的键/值对的数目
Keys	获取包含在 Dictionary 中的键的集合
Values	获取包含在 Dictionary 中的值的集合
方　法	**说　明**
Add	将指定的键和值添加到字典中
Remove	从 Dictionary 中移除所指定的键的值

【试一试】

任务 10.6

设计一个电话号码簿，用来管理联系人的电话号码，即能实现添加号码、删除和浏览号码。

解决思路

（1）创建一个用来保存电话号码/联系人姓名的字典。

（2）向字典中添加号码。

（3）从字典中删除指定姓名的号码。

（4）浏览字典中的号码。

完成步骤

（1）创建一个名为 Chapter10_6 的控制台应用程序。

（2）向控制台应用程序中添加一个新的类 TelCode，来描述电话号码的基本特征，即号码和姓名。类文件 TelCode.cs 的内容如下。

```
using System;

namespace Chapter10_6
{
   class TelCode
   {
      private string phonecode;
      private string name;

      public string Phonecode
      {
         get { return phonecode; }
         set { phonecode = value; }
```

```
        }

        public string Name
        {
            get { return name; }
            set { name = value; }
        }
    }
}
```

（3）再向应用程序中添加一个新的类 TelBook，来管理电话号码簿。类文件 TelBook.cs 的内容如下。

```
using System;
using System.Collections.Generic;

namespace Chapter10_6
{
    class TelBook
    {
        //定义一个保存电话号码/姓名对的集合
        Dictionary<string, TelCode> dictionary = new Dictionary<string, TelCode>();

        public void AddPhoneCode()                              //添加电话号码记录
        {
            string phonecode, name;
            Console.WriteLine("输入电话号码和联系人姓名，按-1 退出");
            while(true)
            {
                Console.Write("电话号码：");
                phonecode = Console.ReadLine();
                if (phonecode=="-1")
                    break;
                Console.Write("姓名：");
                name = Console.ReadLine();
                TelCode telcode=new TelCode();
                telcode.Phonecode=phonecode;
                telcode.Name=name;
                dictionary.Add(phonecode, telcode);
            }
        }

        public bool DelPhoneCode(string phonecode)         //按指定号码删除元素
        {
            return dictionary.Remove(phonecode);
        }

        public void ViewPhoneCode()                             //列出集合中的姓名/电话号码
        {
            Console.WriteLine("{0,-10}{1,-10}", "姓名", "电话号码");
            foreach(TelCode telcode in dictionary.Values)  //遍历集合中所有的值
            {
                Console.WriteLine("{0,-10}{1,-10}",telcode.Name,telcode.Phonecode);
            }
        }
    }
}
```

（4）在主方法 Main 中添加以下代码，来完成对电话号码簿的操作。

```
static void Main(string[] args)
{
    TelBook tb = new TelBook();                    //创建一个实例
    tb.AddPhoneCode();                             //添加电话号码
    Console.Write("输入要删除的电话号码：");
    string telcode = Console.ReadLine();
    tb.DelPhoneCode(telcode);                      //删除指定号码对应的元素
    tb.ViewPhoneCode();                            //预览集合中的姓名/号码
}
```

执行程序，添加电话号码记录，输入要删除的电话号码，程序的运行结果如图 10.7 所示。

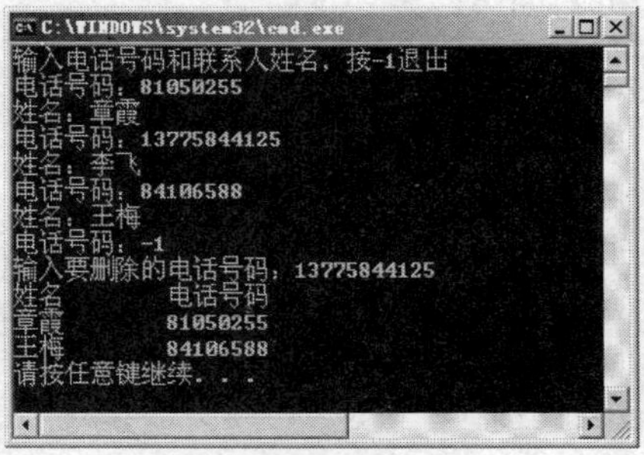

图 10.7　程序的执行结果

本章小结

本章学习了普通集合和泛型集合的常用属性和方法，利用普通集合和泛型集合完成了一些典型的工作任务。普通集合位于 System.Collections 命名空间中，其中 ArrayList 集合以索引的方式存取元素，Hashtable 集合以键/值对的形式存取元素，Stack 集合是按照“后进先出”的原则进行入栈、退栈操作的，Queue 集合是按照“先进先出”的原则进行入队和退队操作的。从这些普通集合中读取元素值时，都要进行类型转换操作，以免造成编程的麻烦和数据类型的不安全性。因此，当需要将特定类型的变量保存在集合中时，采用泛型集合无疑是明智的选择。泛型集合位于 System.Collections.Generic 命名空间中，它对类型的约束是很严格的，只能保存指定类型的数据，从而在获取元素时避免了类型转换的麻烦。

练一练

任务 10.7

杂货店每销售一个商品，老板都会将日期、商品名称、销售的价格进行登记。试用普通集合按日期对商品进行查询和销售额统计。

操作要求

（1）新建一个名称为Chapter10_7的控制台应用程序。

（2）向项目中新添加一个商品类Goods，来描述商品的信息。类文件Goods.cs的内容如下。

```
using System;

namespace Chapter10_7
{
    class Goods
    {
        private string name;
        private DateTime sellDate;
        private float price;

        public string Name
        {
            get { return name; }
            set { name = value; }
        }

        public DateTime SellDate
        {
            get { return sellDate; }
            set { sellDate = value; }
        }

        public float Price
        {
            get { return price; }
            set { price = value; }
        }
    }
}
```

（3）向项目中新添一个类GoodsBook，并定义以下成员变量goodsList。

```
ArrayList goodsList = new ArrayList();//创建一个存储商品的集合
```

（4）在类GoodsBook中添加方法AddGoods，完成商品的登记操作。该方法的原型如下。

```
public void AddGoods();  //提示用户输入商品的名称、价格和日期，按-1退出登记操作。
```

（5）在类GoodsBook中添加方法PrintGoods，按日期查询已登记的商品记录。该方法的原型如下。

```
public void PrintGoods(DateTime date);  //将找到的商品记录输出。
```

（6）在类GoodsBook中添加方法TotalMoney，按日期统计已销售商品的总额。该方法的原型如下。

```
public float TotalMoney(DateTime date)
```

（7）在主方法Main中创建类GoodsBook的一个对象gb，并调用对象gb的方法AddGoods进行商品登记。提示用户输入查询的商品销售日期，并将结果输出。

执行结果

执行程序，按提示输入要登记的商品的名称、价格和日期，并按提示输入要查询的日期，程序的运行结果如图10.8所示。

任务 10.8

在新闻发布系统中，添加、删除和浏览新闻是系统的主要功能。现要求利用泛型集合实现对新闻的管理。

操作要求

（1）新建一个名为 Chapter10_8 的控制台应用程序。

（2）向项目中添加一个新的类 News，来描述新闻。类 News 中包含的属性有：

① Title，描述新闻的标题。

② PublishDate，新闻发布的日期。

③ Type，新闻分类。

④ Content，新闻内容。

（3）向项目中添加一个新的类 NewsMana，用于管理新闻记录。该类有如下一个成员字段。

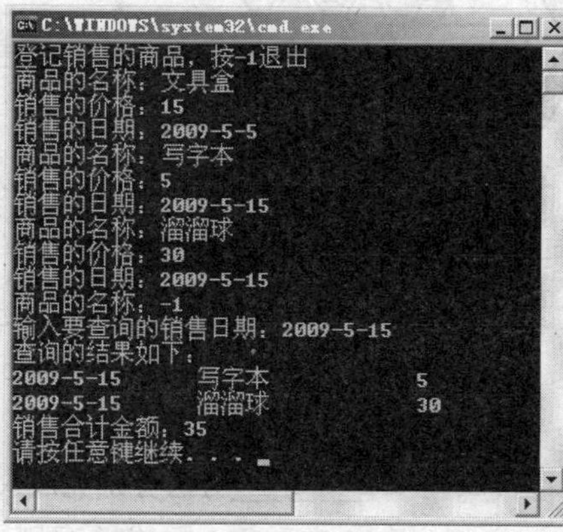

图 10.8　程序的执行结果

```
Dictionary<string, News> newsDict = new Dictionary<string,News>();
```

该新闻字典用来保存所有发布的新闻。

（4）在类 NewsMana 中自定义一个方法 AddNews，用来向泛型集合 newsDict 中添加新闻。该方法的原型如下。

```
public void AddNews()
```

（5）在类 NewsMana 中自定义一个方法 DelNews，用来从泛型集合 newsDict 中删除新闻。该方法的原型如下。

```
public bool DelNews(string title);
```

其中参数 title 是指要删除的新闻的标题。

（6）在类 NewsMana 中自定义一个方法 PrintAllNews，用来浏览泛型集合 newsDict 中所有的新闻记录。该方法的原型如下。

```
public void PrintAllNews()
```

（7）在主方法 Main 中创建类 NewsMana 的一个对象 nm，然后调用对象 nm 的方法 AddNews 添加新闻；提示用户输入要删除的新闻的标题，调用对象 nm 的方法 DelNews 删除指定标题的新闻；最后调用对象 nm 的方法 PrintAllNews 输出所有的新闻记录。

执行结果

运行程序，按提示添加新的新闻记录；输入要删除的新闻的标题，最后将所有已保存的新闻记录输出。程序的执行结果如图 10.9 所示。

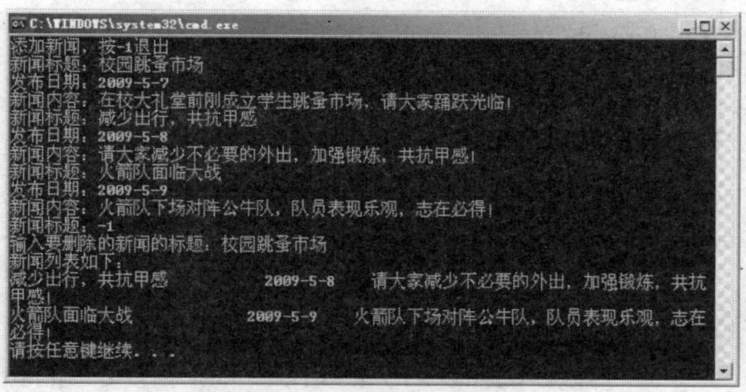

图 10.9　程序的执行结果

习题 10

一、填空题

1. 普通集合类位于________命名空间中。

2. 哈希表 Hashtable 类是以________的形式保存数据的。

3. Stack 集合采用__________原则进行入栈和退栈操作，它的__________方法和________方法分别完成入栈和退栈操作。

4. Queue 集合采用__________原则进行入队和退队操作，其中__________方法和________方法分别对应入队和退队操作。

5. 泛型集合最大的好处之一是在存放元素时会严格进行________检查，且在读取元素时不需要进行________转换。

二、选择题

1. 用户可以选择（　　）类进行栈操作，在栈中数据是按“先进后出”或“后进先出”的原则进行入栈和退栈操作的。

A. ArrayList　　B. Queue　　C. Hashtable　　D. Stack

2. ArrayList 集合的（　　）属性表示集合中实际包含的元素数。

A. Capacity　　B. Count　　C. Total　　D. Length

3. 下列关于泛型集合 List<T>的说法错误的是（　　）。

A. 在向集合添加元素时会严格检查存放对象的类型

B. 从集合获取元素时不需要进行类型转换

C. 只能通过索引访问集合中的元素

D. 可以通过 Remove 方法移除指定对象的匹配项

4. 现要遍历集合 Dictionary<string ,Teacher> dict=new Dictionary<string Teacher>()中的所有值，正确的代码是（　　）。

A. foreach(Teacher teacher in dict){}

B. for(int i=0;i<dict.Length;i++){}

C. foreach(Teacher teacher in dict.Values){}

D. foreach(Teacher teacher in dict.Keys){}

5. 以下程序的执行结果是（　　）。

A. 2　　B. 4　　C. 8　　D. 3

```
class Program
    {
        static void Main(string[] args)
        {
            List<Teacher> teachers = new List<Teacher>(2);
            Teacher lihua = new Teacher("李华","信息系",32);
```

```
            teachers.Add(lihua);
            Teacher zhanghai = new Teacher("张海","艺术系",35);
            teachers.Add(zhanghai);
            Teacher wangxiao = new Teacher("王晓","外语系",28);
            teachers.Add(wangxiao);
            Console.WriteLine(teachers.Capacity);
        }
    }

    class Teacher
    {
        private string name,dept;
        private int age;

        public Teacher(string name,string dept,int age)
        {
            this.name = name;
            this.dept = dept;
            this.age = age;
        }
    }
```

三、综合题

1. 集合相对于数组而言，有哪些方面的优势?

2. 在程序开发过程中，当需要用集合作为载体传递数据时，为什么要推荐使用泛型集合?

3. 向 ArrayList 集合中添加若干正整数，经排序后分别输出奇数和偶数。

4. 创建一个控制台应用程序，用于管理员工的工资。员工类 Employee 包含的属性有 EmplId、Name、BasePay、Bonus 和 Others。要求在程序中，能按年月添加员工的工资记录；能按年月、工号查询某员工的工资情况；能按年月列出所有的员工工资记录，并统计输出工资总额。

（说明：员工的工资= BasePay+Bonus+Others。）

5. 创建一个管理图书的控制台应用程序，要求能添加、删除图书；能按照图书编号检索书的详细信息；能列出所有的图书记录。图书类的定义如下。

```
class Book
{
    private string bookId;
    private string name;
    private decimal price;
    private string Author;

    public string BookId
    {
        get { return bookId; }
        set { bookId = value; }
    }

    public string Name
    {
        get { return name; }
        set { name = value; }
    }

    public decimal Price
```

```
    {
        get { return price; }
        set { price = value; }
    }

    public string Author1
    {
        get { return Author; }
        set { Author = value; }
    }
}
```

（提示：建议使用 Dictionary<K,V>集合保存图书，键是图书编号，值是图书实例。）

第11章 字符串

学习目标

- 根据字符串处理的要求选择合适的字符串类型
- 对字符串进行复制、检索和拆分等操作
- 格式化字符串以满足数据输出格式的要求

11.1 String类

在 C#中，字符串是一种引用类型的数据，也是最常用的一种数据类型。用户见到的一行文本、一个字符序列都可以看作是一个字符串。前面章节用到的字符串类型名称 string 是 String 类的别名。通常利用以下方式定义一个字符串并给它赋初值。

```
string str = "初值";
```

在使用字符串时，有时会在字符串中包含一些特殊的字符，如\字符，这时就要利用转义符\，使格式分析器将转义符后面的字符作为原义字符处理。在 C# 中可以不使用两个\\，而将字符@加在原义字符串的前面，这时，@符号相当于整个字符串的转义符。如字符串@“c:\12.txt”等效于“c:\\12.txt”。

上述方式定义的字符串变量 str，实质上是创建了一个 String 类型的对象实例，一旦该对象创建完毕，就不能再修改该实例了。当重新给变量 str 赋值时，实际上是在该实例的基础上重新创建了一个新的 String 对象。在实际编程时，如果处理的字符串内容是不变的，且不需要进行大量的字符串操作，选择 String 类型会提高程序的处理性能；反之，建议选择 StringBuilder 类型来处理字符串，StringBuilder 类将在 11.2 节中学习。

11.1.1 String 类的构造函数

【学一学】

String 类提供了 8 个构造函数用来创建字符串。用户可以根据实际情况选择不同方式的构造函数初始化字符串。以下是 3 个常用的 String 构造函数的原型。

string String（Char[] value），由字符数组来指定字符串的初始值。

string String（Char c, Int32 count），由重复指定次数的字符构成字符串的初始值。

string String（Char[] value,Int32 startIndex, Int32 length），由字符数组、起始字符位置和一个长度值来指定字符串的初始值。

【试一试】

任务 11.1

采用不同的方式创建内容为“***Hello，world！***”的字符串并输出。

解决思路

（1）利用 String 类的不同构造函数实例化字符串对象。

（2）将创建好的各字符串变量输出。

完成步骤

（1）创建一个名为 Chapter11_1 的控制台应用程序。

（2）在主函数 Main 中编写如下代码，按任务的要求输出字符串“***Hello，world！***”。

```
static void Main(string[] args)
{
    string str0 = "***Hello, world! ***";//直接声明字符串变量并赋初值
    char[] charArray ={ 'H', 'e', 'l', 'l', 'o', ',', 'w', 'o', 'r', 'l', 'd', '! ' };
    String str1 = new String(charArray);//由字符数组创建字符串
    String str2 = new String('*',3);//由字符创建字符串
    String str3 = new String(charArray,0,charArray.Length);//由字符数组、起始字符位置和
长度值创建字符串
    Console.WriteLine("{0}",str0);
    Console.WriteLine("{0}{1}{2}",str2,str1,str2);
    Console.WriteLine("{0}{1}{2}", str2, str3, str2);
}
```

执行程序，运行结果如图 11.1 所示。

图 11.1　输出的字符串

11.1.2 String 类的属性和方法

【学一学】

类 String 只有一个属性 Length，但拥有众多的方法，利用这些方法几乎能完成对所有字符串的操作，如进行字符串比较、复制字符串、取子串和替换字符串中的个别字符等。表 11.1 列出了类 String 常用的属性和方法。

表 11.1 类 String 常用的属性和方法

属性	说明
Length	获取字符串中的字符数
方法	**说明**
CompareTo	将此实例与指定的对象进行比较，并返回一个指示大小的整数
CopyTo	将指定数目的字符从此实例中的指定位置，复制到字符数组中的指定位置
IndexOf	返回 String 或一个或多个字符在此字符串中的第一个匹配项的索引
Insert	在此实例中的指定索引位置插入一个指定的字符串
LastIndexOf	返回指定的字符或 String 在此实例中的最后一个匹配项的索引
PadLeft	在左边用空格或指定的字符填充以达到指定的总长度
PadRight	在右边用空格或指定的字符填充以达到指定的总长度
Remove	从此实例中删除指定个数的字符
Replace	将此实例中的指定字符或 String 的所有匹配项替换为其他指定的字符或 String
Split	返回实例中由指定字符数组或字符串数组的元素分隔的子字符串数组
Substring	从实例中检索子字符串
ToLower	返回此 String 转换为小写形式的副本
ToUpper	返回此 String 转换为大写形式的副本
Trim	从实例的开始和末尾位置移除空白字符或指定字符的所有匹配项

【试一试】

任务 11.2

模拟文字处理程序，提供对整个文档的查找、替换功能。试将下列一段文字中的“Java”替换成“Java 语言”，并将所有英文单词的首字母改为大写。

很多用户开始用 Linux，把它作为网络不可分的一部分，将这个开放源码的操作系统用于关键任务系统，如 web server、应用服务器和电子商务引擎等。对于这些用户，将 sun 公司的 Java 移植到 Linux 上是非常感兴趣的。

解决思路

（1）利用字符串的替换方法将文本中的旧字符串替换成新的字符串。

（2）查找文本中的英文单词，具体算法如图 11.2 所示，将找到的英文的首字母改成大写。

（3）输出替换和更新后的文本。

完成步骤

（1）创建一个名为 Chapter11_2 的控制台应用程序。

（2）向控制台应用程序中添加一个新类 DealString，类文件 DealString.cs 的代码如下。

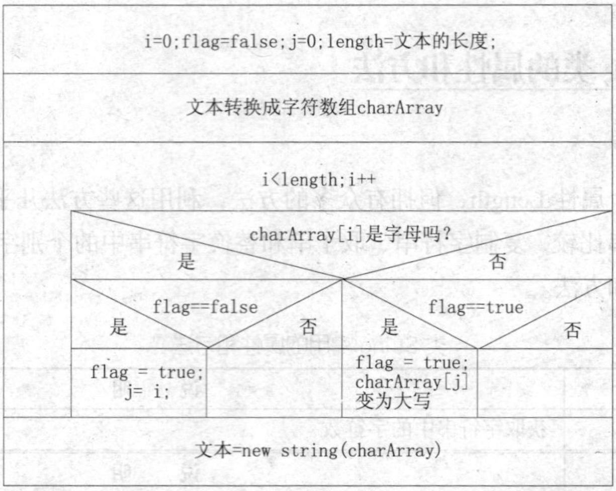

图 11.2　将文本字符串中英文单词的首字母改为大写的算法

```
    using System;

    namespace Chapter11_2
    {
        class DealString
        {
            //定义的文本字符串
    private string textContent = "很多用户开始用 Linux，把它作为网络不可"+"分的一部分，将这个开放
源码的操作系统用于关键任务系统，如"+"web server、应用服务器和电子商务引擎等。对于这些用户，将 sun 公"+"
司的 Java 移植到 Linux 上是非常感兴趣的。";
            public string TextContent
            {
                get { return textContent; }
                set { textContent = value; }
            }

            public void Replace(string oldString,string newString ) //替换子字符串
            {
                textContent = textContent.Replace(oldString, newString);
            }

            public void WordToUpper()//将单词的首字母转为大写
            {
                int length = textContent.Length;
                int j=0;
                char[] charArray=new char[length];
                charArray = textContent.ToCharArray();
                bool flag = false;
                for (int i = 0; i < length; i++)
                {
                    if ((charArray[i] >= 'a' && charArray[i] <= 'z')||(charArray[i] >= 'A'
&& charArray[i] <= 'Z'))
                    {
                        if (!flag)
                        {
                            j = i;
```

```
                    flag = true;
                }
            }
            else
            {
                if(flag)
                {
                    flag = false;
                    charArray[j] = char.ToUpper(charArray[j]);
                }
            }
        }
        textContent = new string(charArray); //将转换后的结果以字符串的形式重新赋值给文本
    }
  }
}
```

上述代码中，变量 j 用来记录单词首字母的下标，变量 flag 用来标记是否有英文单词出现。

（3）在主方法 Main 中编写如下代码，完成字符串的替换操作，将单词的首字母转为大写，并输出转换后的结果。

```
static void Main(string[] args)
{
    DealString ds = new DealString();
    Console.WriteLine("转换前的文本：");
    Console.WriteLine(ds.TextContent);
    Console.WriteLine("转换后的文本：");
    ds.Replace("Java", "Java 语言");
    ds.WordToUpper();
    Console.WriteLine(ds.TextContent);
}
```

执行程序，运行结果如图 11.3 所示。

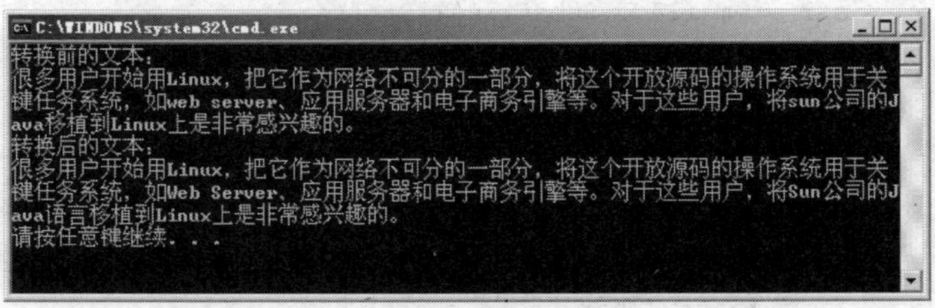

图 11.3　转换前后的文本

任务 11.3

验证邮件地址是否合法。设定邮件地址的构成格式是：邮箱名@邮件服务器名.com，其中邮件服务器名.com 是指邮件服务器的地址。邮箱名是由数字、字母或下画线混合构成的，邮件服务器名的命名规则与邮箱名相同。

解决思路

（1）取邮箱名，判断其中是否存在非法字符。

（2）取邮件服务器地址，判断其中是否存在“.”字符。

（3）取邮件服务器名，判断其中是否存在非法字符。

（4）判断字符“.”后面的字符串大写是否是 COM。

完成步骤

（1）创建一个名为 Chapter 11_3 的控制台应用程序。

（2）向控制台应用程序中添加一个新的类 Email，类文件 Email.cs 的代码如下。

```
using System;

namespace Chapter11_3
{
    class Email
    {
        public bool ValidateEmail(string emailAdd)
        {
            bool flag=true;                          //地址合法标记
            int i=emailAdd.IndexOf("@");
            if (i <=0)                               //没有检索到@或@在首位
                flag = false;
            else
            {
                char[] chars = emailAdd.Substring(0,i).ToCharArray();//取@前面的邮箱名
                foreach(char ch in chars)
                {
                    if (!(ch == '_' || (ch >= '1' && ch <= '9') || (ch >= 'a' && ch <=
'z') || (ch >= 'A' && ch <= 'Z')))
                    {
                        flag = false;                //邮箱名包含非法字符
                        break;
                    }
                }
                string str;                          //保存邮件服务器地址
                if (i != emailAdd.Length - 1)  //@后面还有邮件服务器地址
                {
                    str = emailAdd.Substring(i + 1);
                    int j = str.IndexOf(".");
                    if (j <= 0)                      //无邮件服务器名
                        flag = false;
                    else
                    {
                        chars = str.Substring(0,j).ToCharArray();//取邮件服务器名
                        foreach (char ch in chars)
                        {
                            if (!(ch == '_' || (ch >= '1' && ch <= '9') || (ch >= 'a' && ch
<= 'z') || (ch >= 'A' && ch <= 'Z')))
                            {
                                flag = false;        //邮件服务器中存在非法字符
                                break;
                            }
                        }
                        if (j != str.Length - 1)//字符“.”不在最后
                        {
                            if(str.Substring(j+1).ToUpper()!="COM")//“.”后面的字符串是com
                                flag=false;
                        }
                        else
```

```
                    flag = false;
                }
            }
            else
                flag = false;                    //没有邮件服务器地址
        }
        return flag;
    }
}
}
```

（3）在主方法 Main 中编写如下代码，提示用户输入邮件地址，然后对其进行验收，并输出验证结论。

```
static void Main(string[] args)
{
    Email email = new Email();
    Console.Write("请输入邮件地址：");
    string str = Console.ReadLine();
    if(email.ValidateEmail(str))
        Console.WriteLine("邮件地址合法！");
    else
        Console.WriteLine("邮件地址非法！");
}
```

执行程序，如果邮件地址正确，输出如图 11.4 所示的结果，如果邮件地址错误，则输出的结果如图 11.5 所示。

图 11.4　邮件地址合法

图 11.5　邮件地址非法

11.2 StringBuilder 类

String 类虽然提供了多种处理字符串的能力，但遇到需要大量修改字符串时，如不断添加或删减字符串，这时如果仍然使用 String 类来完成，则会由于 String 内容的不可改变性导致应用程序的性能下降。因此，对于上述情况而言，采用 StringBuilder 类是比较好的选择。

11.2.1 StringBuilder 类的构造函数

【学一学】

StringBuilder 类位于命名空间 using System.Text 中，该类主要用于生成和操作动态的字符串数据。每个 StringBuilder 变量都可以存放一定数量的字符，存放的数量由字符串的容量来指定。如果它的容量不够，可动态扩容以容纳额外的字符。

StringBuilder 类提供了如下 6 个重载的构造函数，以满足不同的应用要求。

（1）StringBuilder ()，初始化 StringBuilder 类的新实例。

（2）StringBuilder（int capacity），按指定的容量初始化 StringBuilder 类的新实例。

（3）StringBuilder（string value），使用指定的字符串初始化 StringBuilder 类的新实例。

（4）StringBuilder（int capacity,int maxCapacity），按指定容量初始化 StringBuilder 类的新实例，该类可增长到指定的最大容量。

（5）StringBuilder（string value,int capacity），使用指定的字符串和容量初始化 StringBuilder 类的新实例。

（6）StringBuilder（string value,int startIndex,int length,int capacity），用指定的子字符串和容量初始化 StringBuilder 类的新实例。

【试一试】

任务 11.4

按用户输入的容量和字符串初始化一个 StringBuilder 类的变量，并将该变量的内容输出。

解决思路

（1）用指定的字符串和容量作为参数，调用构造函数来创建一个实例。

（2）将实例的内容输出。

完成步骤

（1）创建一个名为 Chapter11_4 的控制台应用程序。

（2）在控制台的主方法 Main 中编写如下代码，根据容量和字符串参数来实例化可变字符串，并输出该字符串。

```
static void Main(string[] args)
{
    int capacity;
    string value;
    Console.Write("输入容量：");
    capacity =Int32.Parse(Console.ReadLine());
    Console.Write("输出字符串：");
    value = Console.ReadLine();
    StringBuilder sb = new StringBuilder(value,capacity);
    Console.WriteLine(sb);
}
```

执行程序，按照提示输入容量和字符串，然后将创建的可变字符串输出。程序的运行结果如图 11.6 所示。

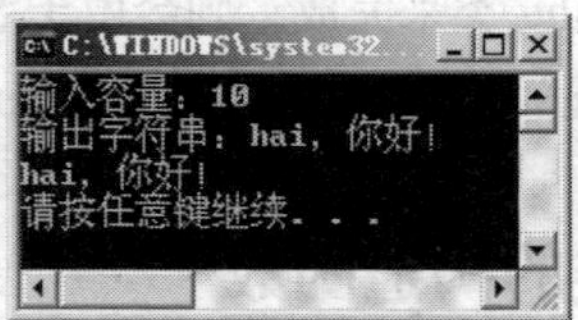

图 11.6　程序的执行结果

11.2.2　StringBuilder 类的属性和方法

【学一学】

StringBuilder 类只有 3 个属性，分别是 Capacity、Length 和 MaxCapacity。通过这些属性能获取字符串的容量、实际的字符长度和所能提供的最大容量。与 String 类类似，StringBuilder 类也提供了较为丰富的方法，用于字符串的追加、插入和删除等操作。表 11.2 列出了 StringBuilder 类常用的属性和方法。

表 11.2　　　　类 StringBuilder 常用的属性和方法

属　性	说　明
Capacity	获取或设置当前实例所分配的内存中的最大字符数
Length	获取或设置实例的长度
MaxCapacity	获取实例的最大容量
方　法	**说　明**
Append	在实例的结尾追加指定对象的字符串表示形式
CopyTo	将实例的指定段中的字符复制到 Char 数组的指定段中
Insert	将指定对象的字符串表示形式插入到实例中的指定字符位置
Remove	将指定范围的字符从实例中移除
Replace	将实例中所有的指定字符或字符串替换为其他指定的字符或字符串
ToString	将 StringBuilder 的值转换为 String

上述属性 Capacity 的默认值是 16，当现有容量不足以容纳新的字符时，Capacity 的值会自动扩容 2 倍。

【试一试】

任务 11.5

为了提高数据的保密性，在远距离网络传送信息时需对数据进行加密。编写一个程序，对输入的字符串进行加密，然后输出加密后的结果。具体要求如下。

（1）从控制台输入待加密的源字符串。

（2）从控制台输入等长度的密钥字符串。

（3）从左到右依次将源字符串中的字符与密钥字符串中的字符进行异或运算，并将加密后的结果输出。

解决思路

（1）将源字符串转换成字符数组 charText。

（2）将密钥字符串转换成字符数组 charKey。

（3）遍历数组 charText、charKey，依次将两数组中对应的字符进行异或运算，并将运算结果添加到可变字符串 crypt 的尾部。

（4）输出变量 crypt 的内容。

完成步骤

（1）创建一个名为 Chapter11_5 的控制台应用程序。

（2）向控制台应用程序中添加一个新的类 Encrypt，类文件 Encrypt.cs 的代码如下。

```
using System;
using System.Text;

namespace Chapter11_5
{
   class Encrypt
   {
       public string ToEncrypt(string sourceStr,string keyStr)//加密方法
```

```
    {
        StringBuilder crypt=new StringBuilder();
        if (sourceStr.Length != keyStr.Length)
        {
            Console.WriteLine("密钥字符串的长度必须与待加密的字符串长度一致！");
        }
        else
        {
            for (int i = 0; i < sourceStr.Length; i++)
            {
                //将异或后的结果转换成字符追加在字符串 crypt 的尾部
                crypt.Append((char)(sourceStr[i] ^ keyStr[i]));
            }
        }
        return crypt.ToString();
    }
  }
}
```

上述代码中，利用可变字符串 crypt 的 Append 方法将加密后形成的字符追加到当前字符串的尾部。Append 方法有多达 19 个重载形式，几乎可将任意类型的值追加到字符串的后面，为字符串的追加操作提供了便利的途径。

（3）在主方法 Main 中编写如下代码，提示用户输入源字符串和密钥字符串，然后将加密后的字符串输出。

```
static void Main(string[] args)
{
    string sourceStr, keyStr;
    Encrypt encrypt = new Encrypt();
    Console.Write("输入待加密的字符串：");
    sourceStr=Console.ReadLine();
    Console.Write("输入密钥字符串：");
    keyStr = Console.ReadLine();
    Console.WriteLine("加密后的字符串是：{0}",encrypt.ToEncrypt(sourceStr,keyStr));
}
```

执行程序，输入待加密的字符串和密钥字符串，输出如图 11.7 所示的执行结果。

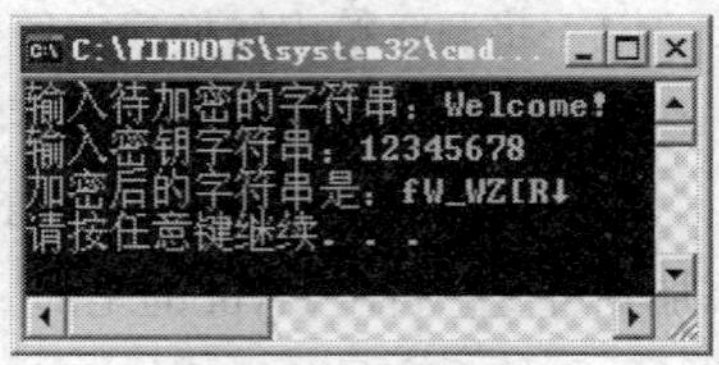

图 11.7　加密后的字符串

任务 11.6

下列文本是“北京欢迎你”歌词的一部分，为歌词添加一个歌词名“北京欢迎你”，并将位于标点符号“;”后的文本换行，另把文本中的半角标点符号替换成对应的全角符号。

迎接另一个晨曦，带来全新空气;气息改变情味不变，茶香飘满情谊;我家大门常打开，开放怀抱等你;拥抱过就有了默契，你会爱上这里;不管远近都是客人，请不用客气;相约好了在一起，我们欢迎你;......

解决思路

（1）遍历整个歌词，在找到的字符‘;’的后面插入字符串“\n”。

（2）在歌词的首部插入字符串“北京欢迎你\n”。

（3）用字符‘，’、‘；’分别替换歌词中的字符‘,’‘;’。

（4）将处理后的歌词输出。

完成步骤

（1）创建一个名为 Chapter11_6 的控制台应用程序。

（2）向控制台应用程序中添加一个新的类 DealSong，类文件 DealSong.cs 的内容如下。

```
using System;
using System.Text;

namespace Chapter11_6
{
    class DealSong
    {
        string song = "迎接另一个晨曦,带来全新空气;气息改变情味不变,"+"茶香飘满情谊;我家大门常打开,开放怀抱等你;拥抱过就有了默契,"+"你会爱上这里;不管远近都是客人,请不用客气;相约好了在一起,"+"我们欢迎你;......";

        public StringBuilder ChangeSong()      //按要求处理歌词
        {
            StringBuilder sb = new StringBuilder(song);
            string str = sb.ToString();
            for (int i =str.Length-1; i >=0 ; i--)
            {
                if (str[i] == ';')                      //查找字符';'的位置
                    sb.Insert(i+1, "\n");               //在字符';'的后面添加"\n"来换行
            }
            sb.Insert(0,"北京欢迎你\n");                //添加歌词名
            sb.Replace(',', '，');                      //替换字符
            sb.Replace('!', '！');
            return sb;
        }
    }
}
```

上述代码中，利用 for 循环从字符串 str 的尾部向前逐个寻找字符“;”的位置，找到后在字符串 sb 的对应位置插入一个换行符“\n”。插入方法 Insert 是 StringBuiler 类较常用的一个方法，它有多达 18 种重载形式，能将各种类型的数据插入到字符串的指定位置。

（3）在主方法 Main 中编写如下代码，创建类 DealSong 的对象，然后在控制台中输出 ChangeSong 方法的返回值。

```
static void Main(string[] args)
{
    DealSong ds = new DealSong();
    Console.WriteLine("歌词处理后的结果是：");
    Console.WriteLine("{0}",ds.ChangeSong());
}
```

执行程序，运行结果如图 11.8 所示。

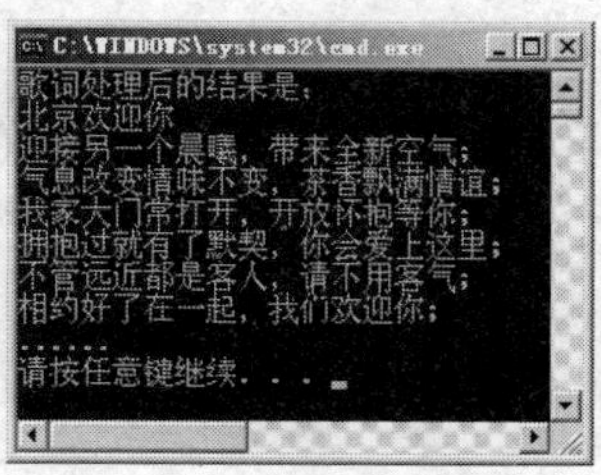

图 11.8　处理后的歌词

11.3 字符串的格式化

在将字符串数据输出时，往往要根据实际的应用情况将字符串按一定的格式输出，如左对齐输出、按货币格式输出或按指定的日期格式输出等，通过这些较为完善的格式来进一步提高输出数据的可阅读性。

字符串 string 的基本格式化原型如下。

```
string string.Format(string format,object arg0,object arg1,……);
```

其中 format 是包含一个或多个占位符的字符串，其基本的形式如下。

"{0}{1}……"，标有序号的占位符都是从 0 开始编号的，对应后面参数 arg 的插入次序，即 arg0 插入到{0}的位置、arg1 插入到{1}的位置，依此类推。最终 Format 方法返回一个带格式的字符串。

11.3.1 字符串的对齐

【学一学】

在将多个数据项组成一条记录输出时，要求各数据项占据一定的宽度，且向左或向右对齐，这样即使逐行输出多条记录，用户也能清晰地理解输出的信息。表示字符串对齐的占位符格式如下。

{0,*n*}，其中 *n* 是一个整数，其大小表示插入项所占据的宽度，如果实际输出的字符串长度小于 *n*，则不足部分用空格补齐；如果输出的字符串长度大于 *n*，则按实际的字符串输出。*n* 为正值时，表示字符串按右对齐输出；为负值时，表示字符串按左对齐输出。

【试一试】

任务 11.7

打印一个 1～9 的乘法表。

解决思路

（1）格式化输出标题"1～9 的乘法表"。

（2）循环依次输出每个数的乘法项，左对齐，所占宽度为 8 个字符。

（3）某个数的所有乘法项输完后，换行接着输出下一个数的乘法项，直至完毕。

完成步骤

（1）创建一个名为 Chapter11_7 的控制台应用程序。

（2）在主方法 Main 中编写如下代码，输出 1～9 的乘法表。

```
static void Main(string[] args)
{
    Console.WriteLine("{0,35}","1～9 的乘法表");
    for (int i = 1; i < 10;i++ )
    {
        for (int j = 1; j <= i;j++ )        //输出 i 的所有乘法项
        {
            Console.Write("{0,-8}",i*j);
        }
        Console.WriteLine();                //换行
    }
}
```

执行程序，运行结果如图 11.9 所示。

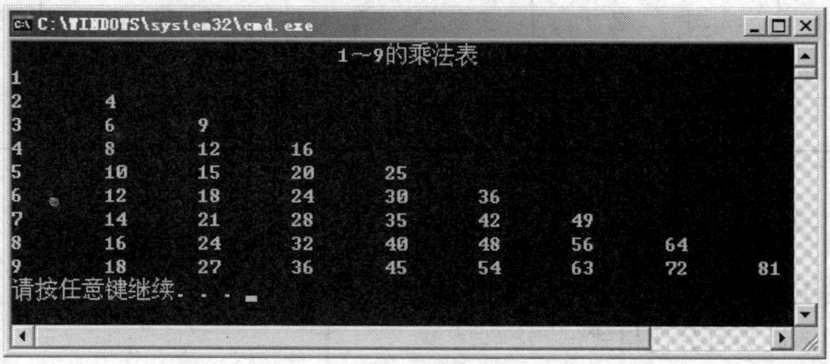

图 11.9　打印的乘法表

由此可见，合理使用字符串的格式化表达式，能形成较好的表示效果，增强展示应用程序数据的可读性。

11.3.2　数字的格式化

【学一学】

在应用程序中，往往要将某些数字以特定的格式输出，如以货币形式、科学记数法、百分比来输出数据等。表 11.3 列出了数字格式化常用的几种格式。

表 11.3　数字常用的输出格式

基 本 格 式	说　　明
{0:c}	数据前面加货币符号
{0:e}	科学记数法
{0:f}	带两位小数输出
{0:n}	千位带逗号分隔符
{0:p}	加百分号（%），以百分比显示
{0:X}	以大写十六进制数显示，只适用于整数
{0:x}	以小写十六进制数显示，只适用于整数
自定义格式	**说　　明**
{0:0.0}	带一位小数输出
{0:0%}	不带小数以百分比输出
{0:0,0}	带千位分隔符输出
{0:符号}	数字前带任意符号输出

【试一试】

任务 11.8

将表 11.4 中的数据以合适的格式输出。

表 11.4　　　　　　　　　　　　　　职工工资发放表

工　　号	姓　　名	应发工资（元）	纳　税　率	实发工资（元）
0001	王晓荣	1 200	0.1	1 080
……				

解决思路

（1）将工号、姓名等所有数据项设定为左对齐、各占 10 个字符的格式。

（2）把应发工资、实发工资设为货币和千位带分隔符的格式。

（3）把纳税率设为百分比格式。

（4）输出带格式的各数据行。

完成步骤

（1）创建一个名为 Chapter11_8 的控制台应用程序。

（2）在主方法 Main 中编写如下代码，按格式输出员工的工资信息。

```
static void Main(string[] args)
{
    string id="0001";
    string name="王晓荣";
    decimal oughtSalary=1200;
    float rate=0.1f;
    decimal factSalary=1080;
    Console.WriteLine("{0,-25}","职工工资发放表");
    string lineText = string.Format("{0,-10}{1,-10}{2,-10:¥0,0}{3,-10:0.00%}
        {4,-10:¥0,0}", id, name, oughtSalary, rate, factSalary);
    Console.WriteLine(lineText);
}
```

上述代码中，“¥0,0”是自定义格式，表示在输出数字的前面添加“¥”符号，且数字采用千位分隔符。“0.00%”也是自定义格式，表示数字带两位小数、按百分比输出。

执行程序，运行的结果如图 11.10 所示。

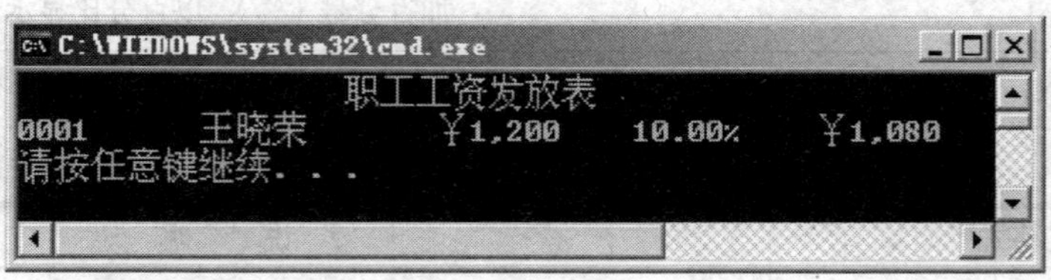

图 11.10　按格式输出的工资表

11.3.3　日期的格式化

【学一学】

在 C# 中，日期/时间类型的数据在输出时，也往往要进行格式化，以短日期、长日期或时间的形式输出。在格式化 DateTime 数据时会用到很多格式化符号，表 11.5 列出了日期格式化常用的几种格式。

表 11.5　日期常用的输出格式

标准格式	说　明
{0:d}	短日期，如 2009-5-25
{0:D}	长日期，如 2009 年 5 月 25 日
{0:t}	短时间，如 14:10
{0:T}	长时间，如 14:10:08
{0:f}	长日期和短时间
{0:F}	长日期和长时间
{0:M 或 m}	月和日，如 5 月 25 日
{0:Y 或 y}	年和月，如 2009 年 5 月
自定义格式	**说　明**
{0:dd}	显示月份中的日期
{0:dddd}	显示日期对应的星期全名，如星期一
{0:hh 或 HH}	以 1～12 或 0～23 的格式显示小时数
{0:mm}	显示分钟数
{0:MM}	显示月份，一位数字的前面补 0
{0:ss}	显示秒数
{0:tt}	显示上午或下午
{0:yyyy}	显示年份

【试一试】

任务 11.9

取系统的当前日期和时间，请依次输出该日期的长日期和时间、年、月、日、小时、分钟、秒数，以及星期数。

解决思路

（1）采用格式{0:F}输出长日期和时间。

（2）采用格式{0:yyyy}、{0:MM}、{0:dd}依次输出年份、月份和日期。

（3）采用格式{0:HH}、{0:mm}、{0:ss}依次输出小数、分钟和秒数。

（4）采用格式{0:dddd}输出星期数。

完成步骤

（1）创建一个名为 Chapter11_9 的控制台应用程序。

（2）在主方法 Main 中编写如下代码，对日期进行格式化以输出不同样式的数据。

```
static void Main(string[] args)
{
    DateTime date = DateTime.Now;//取当前日期和时间
    Console.WriteLine("长日期时间：{0,10:F}", date);
    Console.WriteLine("  年：{0,10:yyyy}", date);
    Console.WriteLine("  月：{0,10:MM}", date);
    Console.WriteLine("  日：{0,10:dd}", date);
    Console.WriteLine("小数：{0,10:HH}", date);
```

```
    Console.WriteLine("分钟: {0,10:mm}", date);
    Console.WriteLine("秒数: {0,10:ss}", date);
    Console.WriteLine("星期: {0,10:dddd}", date);
}
```

执行程序，运行的结果如图 11.11 所示。

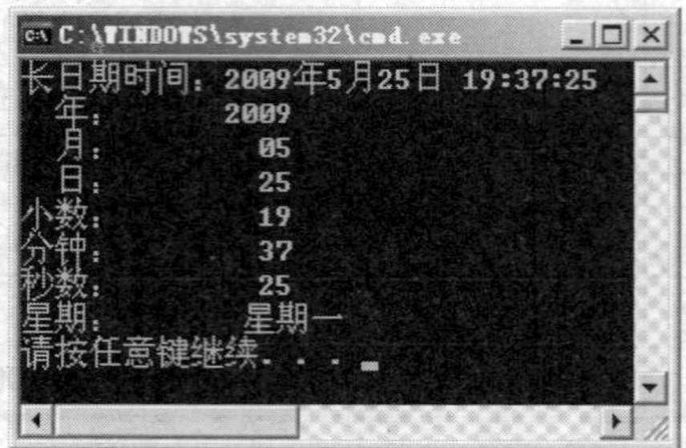

图 11.11　输出不同格式的日期数据

本章小结

本章学习了 String 类、StringBuilder 类和字符串的格式化。String 类主要用于处理内容不变的字符串，如检索字符串中是否存在指定的字符或子字符串、获取指定位置的子字符串、将字符串转换成字符数组等。String 类在处理内容不变的字符串时具有较高的执行性能，但遇到字符串的内容频繁变化时，其处理性能会显著下降。因此，对于可变字符串而言，采用 StringBuilder 类来处理无疑是较好的选择，它提供了较丰富的方法，如 Append、Remove、Insert、Replace 等，来完成对字符串的追加、删除、插入和替换操作。

字符串的格式化是将字符串以特定的格式输出，来满足应用程序展示和输出数据的需要。格式化工作主要包括字符串的对齐、数字的格式化和日期的格式化。希望读者牢记数字和日期的格式字符，能熟练完成程序中字符串的格式化操作。

练一练

任务 11.10

列举出指定目录下所有的文件名称，按每行 4 个输出。（提示：用 Directory 类的 GetFiles 方法获取指定目录下的所有文件（带路径），该类位于 System.IO 命名空间中。）

操作要求

（1）新建一个名为 Chapter11_10 的控制台应用程序。

（2）向项目中添加一个列举文件的类 ListFileName，在该类中添加一个方法 ListFiles，用于列举出指定路径下所有的文件名称。该方法的原型如下。

```
public void ListFiles(string path)
```

在方法 ListFiles 中，利用字符串的 LastIndexOf 方法检索文件中最后一个字符“\”的位置，则该位置后的子字符串就是要找的文件名称。

在方法 ListFiles 中定义一个计数器 I，要求每输出一个文件名后计数器加 1，并当计数器是 4 的整数倍时，换行输出下一个文件名。

（3）在主方法 Main 中提示用户输入文件所在的路径，并创建一个类 ListFileName 的实例，调用实例的 ListFiles 方法，按每行 4 个输出文件名。

执行结果

运行程序，按提示输入文件目录，程序的执行结果如图 11.12 所示。

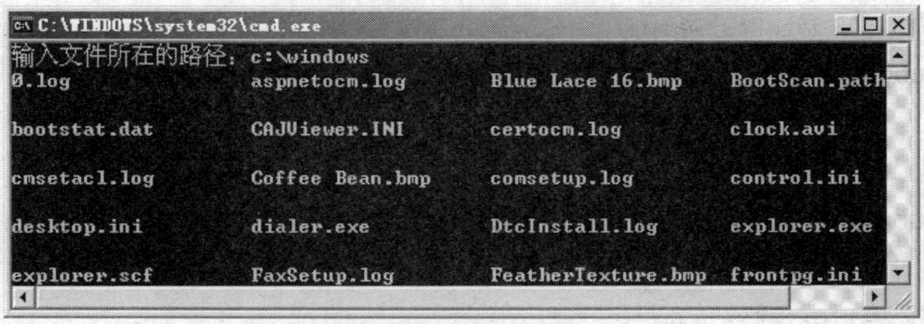

图 11.12　输出的文件名

任务 11.11

毕业生离校前都要求按表 11.6 所示的格式提交自己的毕业设计或论文信息，请编写一个控制台应用程序模拟该过程，并输出提交后的结果。

表 11.6　毕业设计/论文的提交格式（示例）

姓　　名	张　惠　梅
姓名汉语拼音	zhanghuimei
学号	08452101
密码	123456
请确认密码	123456
培养单位	西安交通大学
院系	电子信息学院
专业	电子工程
联系电话	13778564505
E-mail 地址	zhanghm@sina.com
入学年份	2004
答辩日期	2008-6-15

操作要求

（1）新建一个名为 Chapter11_11 的控制台应用程序。

（2）向项目中新添一个类 Submit，用来验证和显示提交的数据。

（3）向类 Submit 中添加以下成员字段，并利用 VS 的“封装字段”功能，生成访问这些字段的属性。

```
string name;
string namepy;
string studNum;
string password1;
string password2;
string units;
string dept;
string specialty;
string phone;
string email;
DateTime enrollYear;
DateTime answerDate;
```

（4）在类 Submit 中添加方法 Validate Password，来验证两次提交的密码是否一致。该方法的原型如下。

```
public bool ValidatePassword()
```

（5）在类 Submit 中添加方法 ValidatePhone，来验证用户输入的电话号码格式是否正确。该方法的原型如下。

```
public bool ValidatePhone()
```

（6）在类 Submit 中添加方法 ValidateEmail，来验证用户输入的邮件地址格式是否正确。该方法的原型如下。

```
public bool ValidateEmail()
```

（7）在类 Submit 中添加方法 ShowMessage，返回用户填写的所有数据。该方法的原型如下。

```
public StringBuilder ShowMessage()
```

（8）在主方法 Main 中创建类 Submit 的一个实例，并为该实例的各属性赋值，最后调用方法 ShowMessage 输出用户填写的毕业设计/论文信息。

执行结果

执行程序，按提示输入相关数据，程序的运行结果如图 11.13 所示。

图 11.13　用户提交的毕业设计/论文信息

习题 11

一、填空题

1. 类 String 的________属性可以获取字符串的字符数。

2. 类 String 的________方法能移除字符串开始和末尾位置的空白字符。

3. 类 StringBuilder 位于________命名空间中。

4. 语句 Console.WriteLine({0,–3:￥0,0},125.56);的输出结果是________。

5. 下列程序的执行结果是________。

```
static void Main(string[] args)
{
    string str = @"d:\my.document\picture.jpg";
    Console.WriteLine(str.Substring(str.LastIndexOf(".")+1));
}
```

二、选择题

1. 下列（　　）方法能返回字符串实例中、由指定字符数组或字符串数组的元素分隔的子字符串数组。

A. IndexOf　　B. Split　　C. Replace　　D. SubString

2. 下列（　　）表达式不能比较字符串 str1 和 str2 是否相等。

A. str1==str2　　B. string.Compare(str1,str2)

C. string.Equals(str1,str2)　　D. string.Equal(str1,str2)

3. 下列程序的执行结果是（　　）。

```
static void Main(string[] args)
{
    StringBuilder sb = new StringBuilder(8);
    sb.Append("国庆 60 大典，CCTV 现场直播");
    Console.WriteLine(sb.Capacity);
}
```

A. 8　　B. 16　　C. 32　　D. 15

4. 下列程序的执行结果是（　　）。

```
static void Main(string[] args)
{
    DateTime date =new DateTime(2009,10,10);
    Console.WriteLine("{0,10:d},{1,5:dddd}", date,date);
}
```

A. 2009-10-10　星期六　　B. 2009　星期六

C. 2009-10-10,　星期六　　D. 2009-10-10,　星期六

5. 下列程序的执行结果是（　　）。

```
static void Main(string[] args)
{
    string str = "北京 2008 年奥运会";
    StringBuilder sb = new StringBuilder();
    sb.Append(str);
    str.Replace("2008 年", "");
    sb.Replace("2008 年", "");
    Console.Write(str+",");
    Console.WriteLine(sb);
}
```

A. 北京 2008 年奥运会，北京 2008 年奥运会

B. 北京奥运会，北京 2008 年奥运会

C. 北京奥运会，北京奥运会

D. 北京2008年奥运会，北京奥运会

三、综合题

1. 简要叙述String类和StringBuilder类的异同。
2. 为什么要对字符串进行格式化？说出字符串对齐、数字和日期格式化常使用的几种格式。
3. 编写程序完成以下功能：输入一行英文字符，单词之间用空格隔开，统计其中有多少个单词。
4. 有一段文字如下。

本课件是在Windows 2000 Server下开发的，程序测试环境为Windows 2000 Server。用户在服务器Windows 2000 Server或Windows 2003 Server下配置程序运行所需的环境后，就可以使用本课件。

编程分别统计出其中英文大写字母、小写字母、数字、空格以及其他字符的个数。

5. 编程打印如图11.14所示的图案。

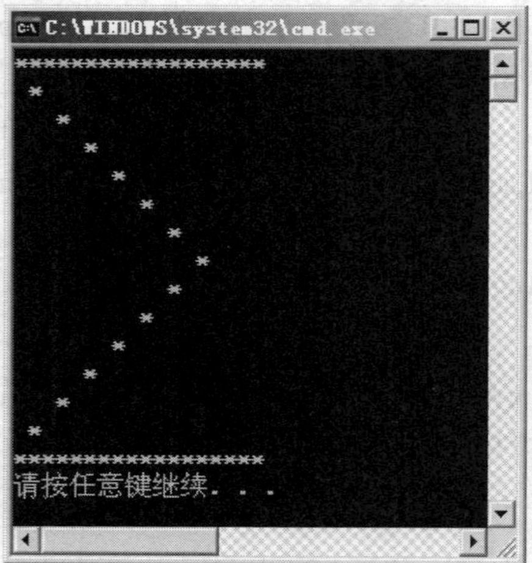

图11.14 打印的图案

第12章 程序的异常和调试

学习目标

- 使用 try/catch 语句处理程序中出现的异常
- 使用 throw 语句抛出异常，便于外围程序处理异常情况
- 使用 finally 语句确保程序中的某些代码最后总能被执行
- 认识和理解程序中的常见错误
- 借助断点和调试窗口对程序进行有效的调试

12.1 程序的异常

在运行自己或他人编写的程序时，或多或少都会遇到一些问题，甚至出错的情况。可以毫不夸张地说，无论多么优秀的程序员都不能保证自己编写的代码是完美无缺的。由于程序本身的缺陷或程序输入的不确定性等原因，如程序代码的逻辑错误、用户输入了非法的数据、程序读写被病毒感染的文件等，都会导致程序运行时发生错误或出现意外的情况，这就是程序的异常。

显然，当程序出现异常时，用户不能视而不见，更不能消极放弃，而要积极地寻找原因并更正它们。在 C 语言中，由于其本身并不具备处理异常的能力，对于出现的异常，也只能由程序员凭经验，并依赖该语言的错误检测和处理功能手工进行调试，这样不仅效率低，而且处理异常的代码本身也容易出错。

. NET 环境提供了一个基于异常对象和保护代码块的异常处理模型，它提供了能在程序中定义一个异常控制处理模块的程序控制机制，来处理异常情况，并自动将出错时的流程交给异常控制处理模块处理，以保证程序能继续向前执行或正常结束。

12.1.1 使用 try/catch 处理异常

【学一学】

在 C#中，异常由 try、catch、throw 和 finally 这 4 个关键字处理。在这种异常处理机制中，每种异常都用对应的异常对象来表示，把要监视的、可能会出现问题的代码放在 try 语句块中，把对异常进行处理的代码放在 catch 语句块中。当程序执行过程中遇到异常情况时，可用 throw 抛出异常信息，报告哪个对象发生了异常。无论是否发生异常，都可以用 finally 语句块处理善后工作，以保证程序继续执行或正常结束。

1. 使用 try/catch 语句监视和处理异常

刚才谈到了用 try 语句块来监视可能会出现异常的代码，用 catch 语句块来处理出现的某种异常。二者必须联合使用。

try/catch 的语法格式如下。

```
try
{
    //可能产生异常的程序代码
}
catch(异常类型 1 异常类对象)
{
    //处理异常类型 1 的程序代码
}
catch(异常类型 2 异常类对象)
{
    //处理异常类型 2 的程序代码
}
```

在上述的 try/catch 语句中，try 语句只能出现一次，但 catch 语句可以出现多次。每一个 catch 语句原则上只对一种类型的异常进行处理。如果不想对特定类型的异常进行处理，那么 catch 后面的参数“异常类型 1 异常类对象”可以省略，此时表明要对所有的异常进行处理。

当上述 try/catch 代码执行时，如果产生了异常，系统就会将异常的类型与 catch 后面的异常类型进行逐一比对，如果比对成功，则执行该 catch 语句，并不再处理后续的 catch 语句；如果比对不成功，则继续比对后续的 catch 语句，直至比对成功为止；如果一直没有找到，程序就会产生一个未处理的异常错误。

需要说明的是，如果程序执行时没有出现异常，则所有的 catch 语句都会被忽略，程序转向执行最后一个 catch 语句后的第一条语句。

【试一试】

任务 12.1

从键盘输入 n 个正整数，求其平均值。当用户输入的 n 值是非正整数或太大时，则要求有相应的提示信息。

解决思路

（1）定义一个方法 Aveg，用来求 n 个正整数的平均值。

（2）提示用户输入 n 的值，并调用方法 Aveg 求平均值且输出计算结果。

（3）如果数据类型错误，则能处理该类异常。

（4）如果 *n* 等于 0，则能处理 0 作为除数的异常。

完成步骤

（1）创建一个名为 Chapter12_1 的控制台应用程序。

（2）在类 Program 中定义一个方法 Aveg，用来计算 *n* 个正整数的平均值。该方法的定义如下。

```
static public float Aveg(int[] a)                    //求数组 a 中 n 个数的平均值
{
    float sum=0;
    float sum=0;
    for (int i = 0; i < a.Length;i++ )
    {
        sum += a[i];
    }
    return (sum / a.Length);
}
```

（3）在主方法 Main 中编写如下代码，求出 *n* 个正整数的平均值并输出计算结果。

```
static void Main(string[] args)
{
    int n;
    try
    {
        Console.WriteLine("求 n 个正整数的平均值。");
        Console.Write("请输入 n 的值: ");
        n=int.Parse(Console.ReadLine());             //进行数据类型转换
        int[] a=new int[n];
        for(int i=0;i<n;i++)
        {
            Console.Write("输入第{0}个正整数: ", i + 1);
            a[i]=int.Parse(Console.ReadLine());      //进行数据类型转换
        }
        Console.WriteLine("{0}个数的平均值是: {1}",n,Aveg(a)); //调用方法计算结果
    }
    catch(FormatException e1)                        //处理格式类型异常
    {
        Console.WriteLine("异常: " + e1.Message);
    }
    catch(OverflowException e2)                      //处理格式类型异常
    {
        Console.WriteLine("异常: " + e2.Message);
    }
}
```

上述代码中，将可能产生异常的代码放在 try 语句块中，第一个 catch 语句用来处理格式类型的异常，参数 e1 是类 FormatException 的对象，它包含异常的描述性信息。第二个 catch 语句用来处理数值超界类型的异常。

执行程序，当输入的 *n* 值为非整数时，程序的运行结果如图 12.1 所示。

如果输入的 *n* 值太大时，程序的运行结果如图 12.2 所示。

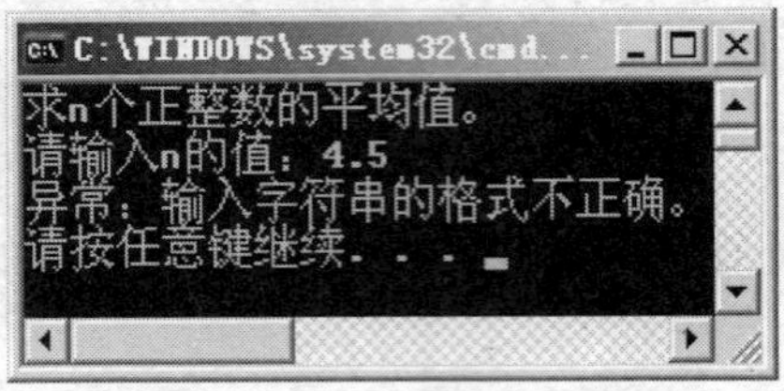

图 12.1　*n* 值为非整数时出现的异常

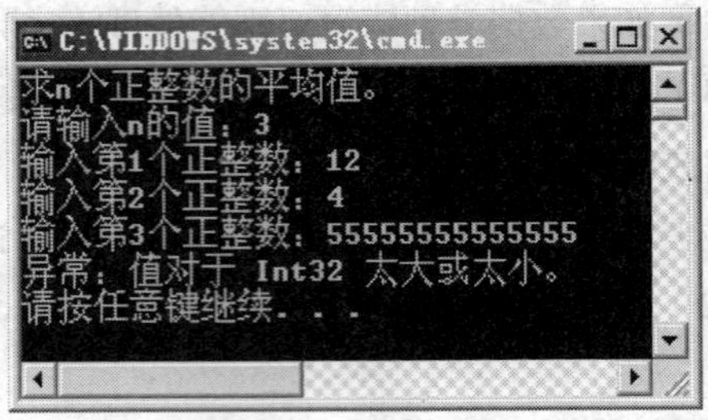

图 12.2　*n* 值太大时出现的异常

2. 捕获和处理所有的异常

每个 catch 语句的异常类型参数对应一种指定类型的异常，如果 catch 后不带参数，表明要捕获所有的异常，也称为通用异常处理。在实际编程的异常处理过程中，往往难以预测可能要发生的所有异常，或为了避免遗漏未列出的异常，这时会采用以下格式来处理异常。

```
try
{
    //可能产生异常的代码
}
catch(Exception e)
{
    //异常处理代码
}
```

Exception 是所有异常类的基类，所有发生的异常都可以由基类的对象 e 来描述。以下就是一个捕获和处理所有异常的实例。

【试一试】

任务 12.2

设计一个能完成加、减、乘、除运算的简单计算器，要求对程序中的所有异常进行统一处理。

解决思路

（1）定义 4 个方法，分别完成两个数的加、减、乘、除运算。

（2）在主方法 Main 的 try 语句块中调用上述方法来完成计算器功能。

（3）执行 try 语句块中的代码所出现的所有异常，由 catch 语句块统一处理。

（4）将计算的结果或捕获的异常信息输出。

完成步骤

（1）创建一个名为 Chapter12_2 的控制台应用程序。

（2）在类 Program 中定义如下 4 个方法，分别完成加、减、乘、除运算。

```
static public float Add(float x,float y)
{
    return x + y;
}

static public float Sub(float x, float y)
{
    return x - y;
}
```

```
static public float Mul(float x, float y)
{
   return x * y;
}

static public float Div(float x, float y)
{
   return x / y;
}
```

（3）在主方法 Main 中添加如下代码，以实现简单的计算器功能。

```
static void Main(string[] args)
{
   float x, y,result;
   char code;
   Console.WriteLine("以下进行两个数的加、减、乘、除运算");
   Console.Write("请输入第一个数：");
   try
   {
      x = float.Parse(Console.ReadLine());
      Console.Write("请输入第二个数：");
      y = float.Parse(Console.ReadLine());
      Console.Write("请输入运算符号(+、-、*、/)：");
      code =(char) Console.Read();
      switch (code)
      {
         case '+':
            result = Add(x, y);
            break;
         case '-':
            result = Sub(x, y);
            break;
         case '*':
            result = Mul(x, y);
            break;
         case '/':
            result = Div(x, y);
            break;
         default:
            Console.WriteLine("输入的预算符号错误！");
            return;
      }
      Console.WriteLine("运算结果是：{0}",result);
   }
   catch(Exception e)
   {
      Console.WriteLine("异常："+e.Message);
   }
}
```

上述代码中，将所有可能出错的代码放在 try 语句块中，这样大大简化了处理错误所需的代码，降低了处理错误的代价，以便程序员能将更多的精力放在正常程序设计中。程序中所有可能出现的异常，由 catch 语句统一处理。

执行程序，按提示输入要计算的数据，正常的计算结果如图 12.3 所示。

如果程序在执行过程中遇到错误,如输入的数据有误,程序就会出现如图 12.4 所示的运行结果。

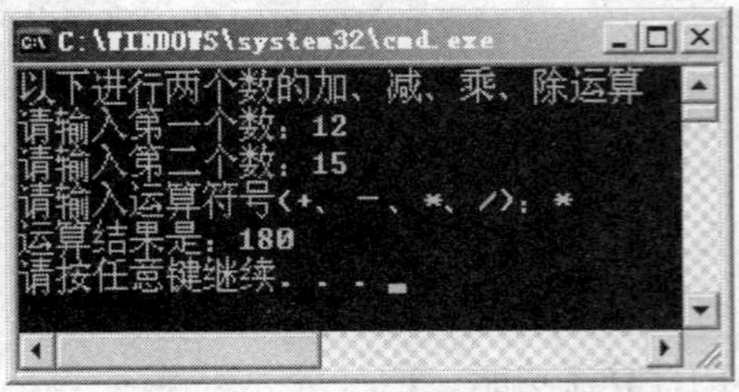

图 12.3　计算的结果

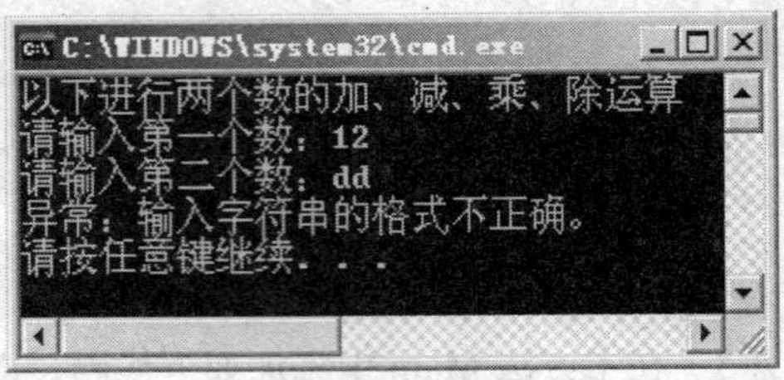

图 12.4　遇到数据格式错误的运行结果

12.1.2　使用 throw 抛出异常

【学一学】

catch 语句之所以能处理异常，是因为 try 语句块在运行时出现了错误，这时系统为应用程序自动抛出了某类型的异常，此异常由 catch 语句来处理。由此可见，无论是系统抛出，还是人为抛出的异常，都是 catch 语句能处理异常的基础。在 C#中，人为抛出异常的语法格式如下。

```
throw [异常类的对象];
```

在程序中之所以要通过 throw 语句来人为地抛出某些异常，主要是便于外围的程序能处理抛出的异常。因为在很多情况下，外围的程序能在某些方面更好地处理抛出的此类异常。

【试一试】

任务 12.3

从键盘输入 *n* 个学生的分数，并输出分数的平均值。要求定义一个求平均数的方法，该方法通过一个整数数组来接收 *n* 个学生的分数，若学生人数为 0，则要人为抛出 DivideByZeroException 类型的异常。

解决思路

(1) 定义一个求平均数的方法 Aveg，该方法通过整型数组参数接收传递过来的学生分数。

(2) 如果方法 Aveg 的参数的长度为 0，则人为抛出 DivideByZeroException 类型的异常，否则，返回分数的平均值。

(3) 在主方法 Main 的 try 语句块中，依次为 *n* 个学生的分数赋值，并调用方法 Aveg 计算其平均值。

(4) 通过 catch 语句来捕获人为抛出的异常或其他类型的异常。

完成步骤

(1) 创建一个名为 Chapter12_3 的控制台应用程序。

(2) 在类 Program 中定义如下方法 Aveg，来计算平均值。

```
static public float Aveg(int[] scores)
{
    float sum = 0;
    foreach (int i in scores)
    {
        sum += i;
    }
    if(scores.Length==0)
```

```
        throw new DivideByZeroException();//人为抛出异常
    else
        return sum / scores.Length;
}
```

（3）在主方法 Main 中，编写如下代码，来输入 *n* 个学生的分数，并调用方法 Aveg 计算其平均值。其中利用 catch 语句来处理人为抛出的或其他类型的异常。

```
static void Main(string[] args)
{
    Console.Write("输入学生的人数：");
    try
    {
        int persons = Convert.ToInt32(Console.ReadLine());
        int[] scores = new int[persons];
        for (int i = 0; i < persons;i++ )
        {
            Console.Write("第{0}个学生的分数是：",i+1);
            scores[i] = Convert.ToInt32(Console.ReadLine());
        }
        Console.WriteLine("{0}个学生的平均分数是：{1}", persons, Aveg(scores));
    }
    catch(DivideByZeroException)     //捕获人为抛出的异常
    {
        Console.WriteLine("人数不能为0！");
    }
    catch(Exception e1)              //捕获其他异常
    {
        Console.WriteLine("出错："+e1.Message);
    }
}
```

执行程序，按提示输入学生的分数，计算的结果如图 12.5 所示。

如果输入的学生人数为 0，则程序的运行结果如图 12.6 所示。

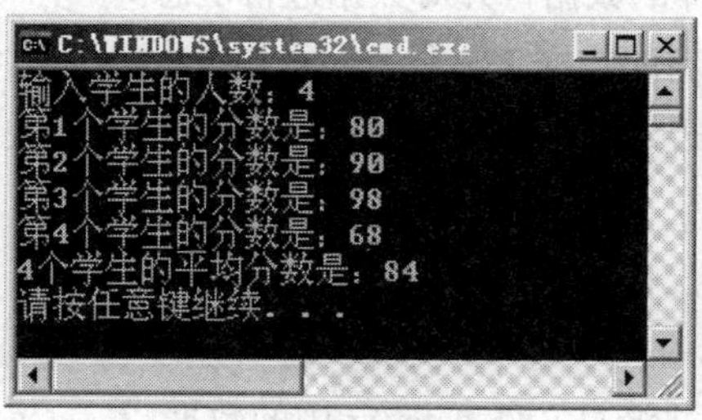

图 12.5　计算的平均分数

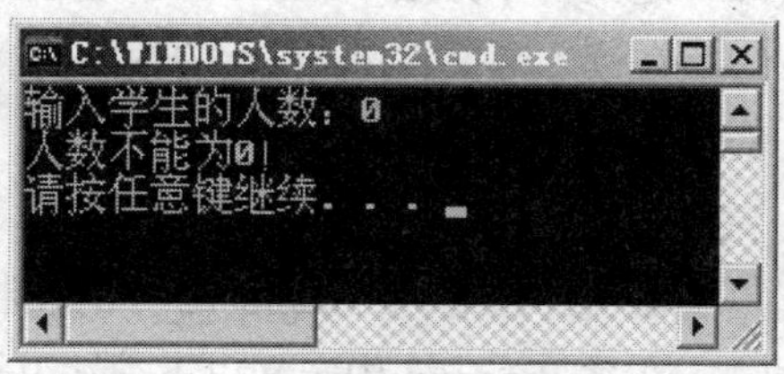

图 12.6　捕获的人为抛出的异常

由此可见，方法 Aveg 中人为抛出的异常，在外部代码中能捕获并进行适当的处理，从而达到异常由外部代码统一处理的目的，以提高程序的灵活性。

12.1.3　使用 finally 执行最后的操作

【学一学】

在有些情况下，无论程序在执行过程中是否出现异常，用户都要确保程序中的某些语句必须是最后执行的。例如，在进行文件读写操作或尝试网络连接时，如果文件读写失败或网络资源不可访问，这时要求程序能正常关闭文件或网络连接，以释放所占的资源。对于上述情况，C#提供了 finally 语句块来处理此类问题。

在程序中采用如下形式的 finally 语句用法，就能在 try/catch 语句结束后执行关闭资源的一些操作。

```
try
{
    //可能产生异常的语句块
}
catch
{
    //异常处理语句块
}
finally
{
    //最后要执行的语句块
}
```

上述的用法可以简化为 try/finally 的形式，以忽略对异常的处理。在上述 try/catch/finally 语句中，无论 try 语句块是否出现异常，都不会影响 finally 语句块的执行，从而确保像释放资源的关键语句能最后执行。

【试一试】

任务 12.4

在数据文件 data.txt 中保存有若干历史数据，现要求对历史数据进行汇总，并能追加新的数据。

提示：对文件的读写操作可以分别使用类 StreamReader、StreamWriter 来完成，这两个类都位于命名空间 System.IO 中。

解决思路

（1）定义一个方法 ReadFile 读取文件 data.txt 中保存的数据，并对数据进行汇总。

（2）定义一个方法 WriteFile 向文件 data.txt 中添加新的数据。

（3）在读、写文件 data.txt 的数据时，无论成功与否，最后都要释放或关闭与文件相关的资源、对象。

完成步骤

（1）创建一个名为 Chapter12_4 的控制台应用程序。

（2）在类 Program 中定义以下方法 ReadFile，读取并汇总文件 data.txt 中的数据。

```
static public void ReadFile(string path)          //path 是文件的路径
{
    StreamReader sr = new StreamReader(path, Encoding.Default);
    //按默认编码方式来读文件
    string readStr;
    decimal sum=0;
    try
    {
        while ((readStr = sr.ReadLine()) != null) //逐行读数据
        {
```

```
            sum +=Convert.ToDecimal(readStr);       //汇总数据
        }
        Console.WriteLine("文件中所有数据的总和={0}",sum);
    }
    catch(Exception e)
    {
        Console.WriteLine(e.Message);
    }
    finally
    {
        sr.Close();                     //关闭流阅读器，并释放与之相关的资源
    }
}
```

（3）在类 Program 中定义如下方法 WriteFile，向文件 data.txt 中添加新的数据。

```
static public void WriteFile(string path,decimal data)//向路径 path 下的文件写入数据 data
{
    StreamWriter sw = new StreamWriter(path, true, Encoding.Default);
    //true 表示追加数据，false 表示覆盖原有的数据
    try
    {
        sw.WriteLine(data);     //写入数据
        Console.WriteLine("数据写入成功！");
    }
    catch (Exception e1)
    {
        Console.WriteLine(e1.Message);
    }
    finally
    {
        sw.Close();                     //关闭流写入器，并释放与之相关的资源
    }
}
```

（4）在主方法 Main 中添加如下代码，以实现对文件 data.txt 中数据的汇总操作和向文件 data.txt 中添加数据的操作。

```
static void Main(string[] args)
{
    ReadFile("data.txt");
    WriteFile("data.txt",100);
}
```

执行程序，运行结果如图 12.7 所示。

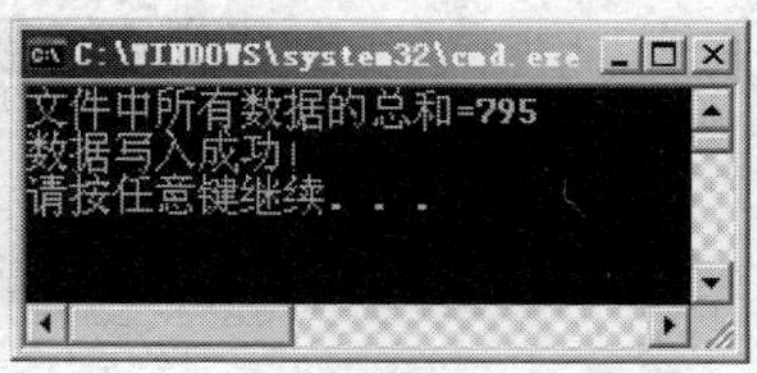

图 12.7　汇总和写入新的数据

如果修改文件 data.txt 中的某行数据，使之不符合数据格式，并注释掉方法 ReadFile 中加粗的代码行，即 finally 语句，再次执行程序，运行的结果如图 12.8 所示。

由此可见，程序在执行期间出现了较为严重的错误，不仅汇总数据失败，而且也导致了写入新的数据失败。通过调试不难发现，由于文件 data.txt 中存在不符合格式的数据，导致汇总数据操作失败；又由于操作失败时未能最后释放对文件 data.txt 的占有，从而当试图向文件中添加新的数据时，导致无法访问该文件，于是出现了如图 12.8 所示的较为严重的问题。

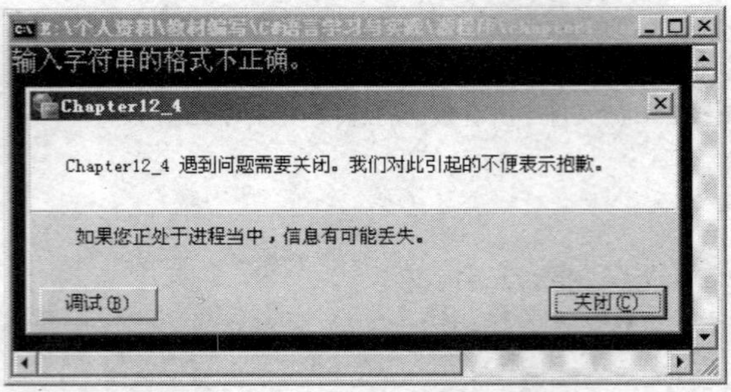

图 12.8　出现的错误提示窗口

12.2　程序的调试

前面谈到了如果程序出现了异常，可以通过 C#的异常处理机制来处理。但这只是一种被动的错误处理方式，在更多的情况下，需要编程人员主动通过调试手段来排除程序故障，将程序错误消灭在正式运行之前。

程序的调试也就是查找并消除错误的过程，这是每一个程序员必须掌握的基本技能。对于本书中较小的程序而言，用户可能通过眼睛逐行查看就能轻松解决存在的问题。但对于一个实际的大、中型项目而言，显然，采用这种方式是非常困难的。幸运的是，VS.NET 的集成环境为用户提供了高效、方便的调试手段，来快速完成程序的调试过程。

12.2.1　常见的程序错误

【学一学】

程序中的错误通常是程序员自己造成的，下面列出一些常见的程序错误类型，以帮助程序员在调试程序时缩小调试范围，达到快速定位错误的目的。

1. 编译错误

在编译程序时，C#的开发环境会检查代码是否符合语法要求，如有语法错误，会在 VS.NET 下方的“错误列表”窗口中列出错误提示，如图 12.9 所示。

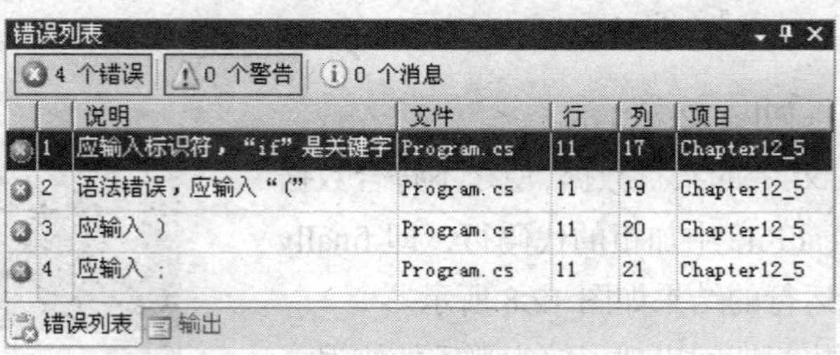

图 12.9　“错误列表”窗口

双击错误列表行，就能定位到源程序中的错误代码行。导致编译错误的原因很多，归纳起来，主要有以下几个方面。

（1）变量命名错误。变量命名时，首字符必须是字母或下画线。不得将关键字作为变量的名称，所有的变量都必须先声明，然后才能使用。下面的变量命名都是错误的。

```
string event;
int if;
float class;
int 1s;
```

（2）方法或属性的调用错误。这类错误主要表现为如下几种情况。

① 调用的方法/属性名编写错误，造成试图访问一个并不存在的方法/属性。

② 调用方法时参数类型或顺序错误。

③ 试图为只读属性赋值。

④ 方法/属性的访问修饰符错误，如试图访问另外一个类的私有方法/属性。

（3）数据类型转换错误。这类错误在新手编程时尤为突出。具体表现如下。

① 将字符串类型的数据直接为数值类型的变量赋值。如：

```
int numb = "100";
```

② 直接将高精度数值类型的数据赋值给低精度数值类型的变量。如：

```
float weight = 120.5;
```

③ 试图将父类的对象赋值给子类的对象。如：

```
Student lisi=new Person();//类 Student 是类 Person 的派生类
```

编译类型的错误在编译器的提示下，一般都能快速解决。而要查找和排除下列的运行时错误或逻辑错误，就比较困难了。

2. 运行时错误

所谓运行时错误，是指程序能编译通过，但当用户输入不正确的数据或程序运行的条件、环境发生改变后，导致程序非正常终止甚至死机等情况。造成这类错误的原因如下。

（1）运算异常。

① 0 作为除数进行运算。下列代码中如果用户输入 0，就会出现运行时错误。

```
int a, b, c;
b = 10;
c = Int32.Parse(Console.ReadLine());
a = b / c;
```

② 运算的结果超出了变量的范围。下列代码试图求出 40 的阶乘，由于计算的值超出了变量 sum 的取值范围，于是出现了错误。

```
int sum = 1;
for (int i = 1; i < 40;i++ )
{
   sum *= i;
}
```

（2）访问错误。

① 超界访问集合或数组。由于一时的疏忽，用户往往试图访问一个并不存在的集合或数组元素。下列代码中会出现此类错误。

```
int[] rows=new int[10];
for (int i = 0; i <=10;i++ )
{
   rows[i]= i;
}
```

② 访问一个并不存在或空的对象。下列代码试图产生一个随机数，由于对象 rand 为空，调用方法 Next 就会出错。

```
Random rand=null;
int age = rand.Next(80);
```

③ 访问资源错误。在程序运行时，如果访问的文件、图片或其他网络资源被删除、被病毒破坏或地址错误，程序也会出现问题。

3. 逻辑错误

处理问题时，如果在控制逻辑上出现错误就会导致错误结果的发生，这种错误就是逻辑错误。它是所有错误中最难发现的，很难通过查看代码来解决问题。此类比较典型的错误如下。

（1）没有对变量进行合理的初始化。下列方法 Sum 用于计算 *n* 的阶乘，但由于变量 total 和 *i* 初始化错误，导致计算结果出错。

```
public double Sum(int n)
{
    double total = 0;                    //初始值应为 1
    for (int i = 0; i <= n;i++ )         //i 的初始值应为 1
    {
        total *= i;
    }
    return total;
}
```

（2）程序的结构逻辑错误。下列代码试图输出 1～50 的所有整数，但由于程序的结构逻辑错误，不能得到正确的输出结果。

```
int i = 1;
while (i <=50)
    Console.WriteLine(i);
i++;                                     //此句与上句应位于同一循环体内
```

（3）程序的运算逻辑错误。这类错误具体的表现形式如下。

① 运算表达式中无意输入了错误的运算符号。如将“+”输入成“*”，“%”输入成“/”等，从而导致运算结果错误。

② 取值的位置错误。如明明要取数组中第 *i*+1 个元素的值，却偏偏取的是第 *i* 个元素的值。

③ 调用错误的方法。在程序中调用的不是指定的方法，而是另外一个方法；在定义事件时，与委托关联的是另外一个方法，这些错误最终导致出现意外的结果。

④ 方法的循环调用。方法甲调用方法乙，而方法乙又调用方法甲，从而出现死循环而耗尽资源的现象。

实际上，逻辑错误不像编译错误和运行时错误那么明显，往往比较隐蔽，需要编程人员丰富的实践经验和借助专业调试工具才能解决。下面利用 VS.NET 调试器来调试和解决运行时和逻辑方面的错误。

12.2.2 使用 VS.NET 调试器调试程序

【学一学】

在 VS.NET 开发环境中，有一个“调试”菜单，在程序运行调试前，该菜单包含的菜单项如

图 12.10 所示。

从图 12.10 可以看出，按“F5”键启动调试。将光标定位在某代码处，按“F9”键设置断点，再按一下“F9”键，则取消断点。所谓的断点就是在程序某处设置的一个位置，程序执行到此处就中断或暂停。其作用是在程序调试时，程序运行到断点处暂停，供编程人员检查此时程序各元素的运行情况，参照和分析这些运行信息来定位错误。

设置断点后，按“F5”键启动程序调试，此时“调试”菜单下的菜单项如图 12.11 所示。

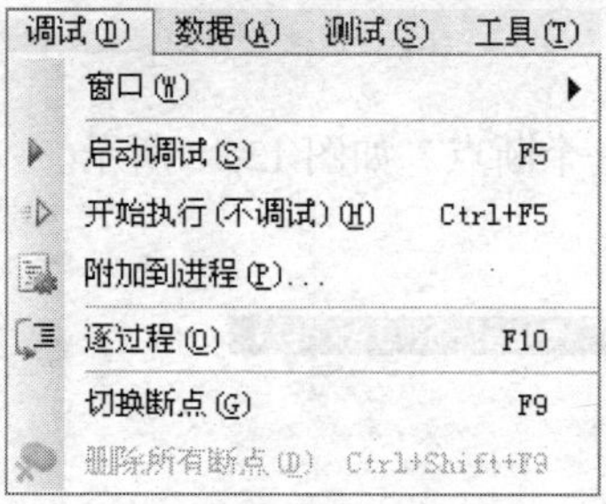

图 12.10　启动调试前的“调试”菜单

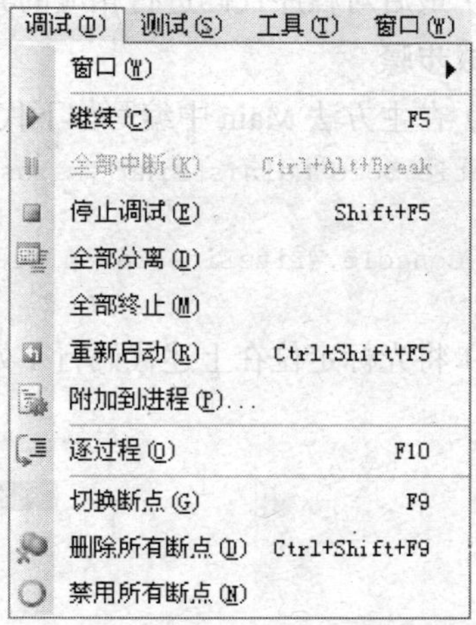

图 12.11　启动调试后的“调试”菜单

程序进入调试状态后，按“F10”键进行逐过程调试，也就是把方法(过程)作为一个步长来调试。或按 F11 键进行逐语句调试。不断按“F10”或“F11”键就能对整个程序进行调试。

【试一试】

任务 12.5

试利用以下公式计算 π 的值（n 的值越大，计算的 π 的值越精确）。

$$\frac{\pi}{4}=1-\frac{1}{3}+\frac{1}{5}-\frac{1}{7}...+\frac{(-1)^n}{2n+1}$$

现有一学生定义以下方法 CalculatePI，并在主方法 Main 中通过以下语句来输出 π 的值。

```
static void Main(string[] args)
{
   Console.WriteLine(CalculatePI());
}
static public double CalculatePI()//计算π的值
{
   Console.Write("请输入一个正整数: ");
   uint n =uint.Parse( Console.ReadLine());
   double result = 1;
   int flag=-1;
   for (int i = 1; i <n;i++ )
   {
      flag*=-1;
      result += 1 / (2 * i + 1) * flag;
   }
   return 4*result;
}
```

调试上述程序并解决存在的问题。

解决思路

（1）在方法 CalculatePI 的第一行代码处设置一个断点。

（2）按“F5”键启动调试，然后按“F11”键逐行执行代码。

（3）将光标指向代码中的变量，观察其值的变化。

（4）根据调试过程中各变量的变化信息，判定程序的错误之处。

（5）最后对程序代码进行相应的异常或错误处理。

完成步骤

（1）在主方法 Main 中编写如下代码，来调用方法 CalculatePI。

```
static void Main(string[] args)
{
    Console.WriteLine(CalculatePI());//代码行 1
}
```

（2）将光标定位在上述代码行 1 处，按“F9”键设置一个断点。如图 12.12 所示。

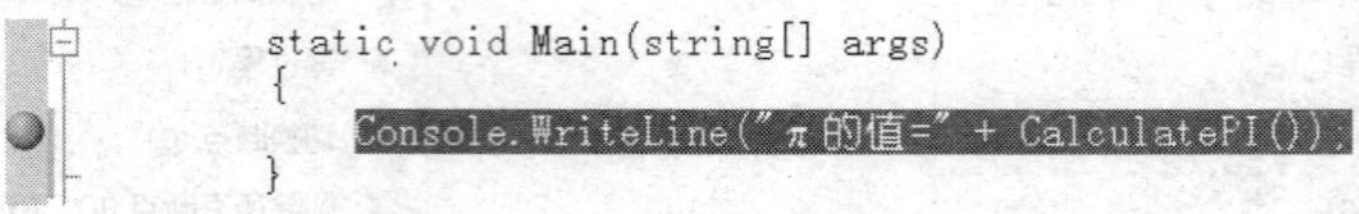

图 12.12　设置的断点

设置有断点的代码行以红色亮条显示。

（3）按“F5”键或单击工具栏上的▶按钮，启动调试，此时程序执行到断点处暂时停止，并以黄色亮条显示正在执行的代码行，如图 12.13 所示。

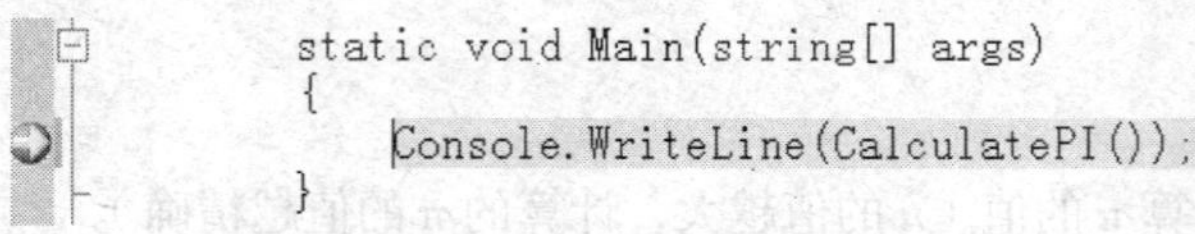

图 12.13　正在执行的代码行

（4）按“F11”键，逐行执行代码，按提示输入 *n* 的值为 1，仔细观察程序的执行方向和各变量的值的变化。

在 *n*=1 时，根据跟踪程序的执行过程，可以看出程序并没有执行 for 循环体，而实际应该执行一次循环体，因此不难判断出 for 语句的循环条件出错。应将 for (int *i* = 1; *i* <*n*;*i*++)修改为 for (int *i* = 1; *i* <=*n*;*i*++)。

修改上述错误后，再次调试程序，在 *n*=1 时，用于改变表达式 1/(2×*i*+1)正负值的变量 flag 等于 1，显然此时 flag 应该为−1。因此可以判断出变量的初始值错误，应将语句 int flag=−1;修改为 int flag=1;。

修改上述的错误后，再次调试程序，发现变量 result 的值始终为 0，也就是说表达式 1 / (2×*i*+1) 始终为 0。

稍加观察，不难看出该表达式是整除计算，而实际应进行小数计算，为此应将上述的表达式修改为 1.0 / (2×*i*+1)即可。

至此为止，排除了 3 处程序中隐藏的逻辑错误。那么程序中是否还仍然存在其他的错误呢？

由于程序在执行过程中，需要用户输入 *n* 的值，那么程序就有可能存在运行时错误。如果用户输入的值为非整数形式的数据，就会出现如图 12.14 所示的错误。

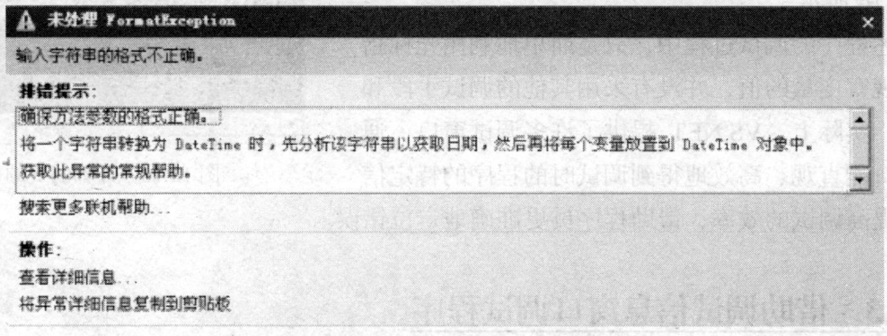

图 12.14　运行时的格式转换错误

如果用户输入的值是负整数或太大，就会出现如图 12.15 所示的错误。

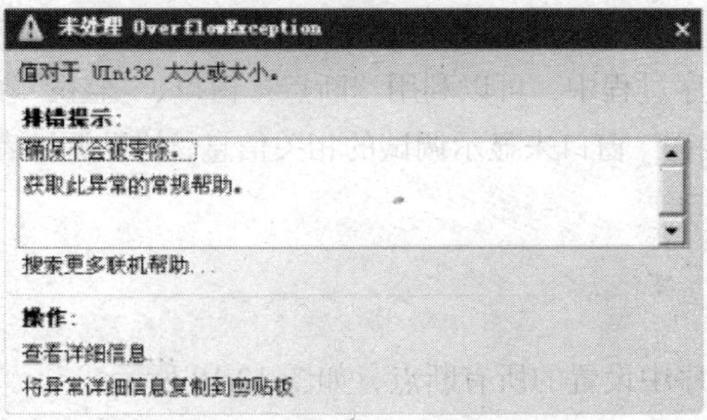

图 12.15　运行时的数值超界错误

对于程序的运行时错误，有效的处理方法是使用 try/catch 语句进行异常处理。当然要快速、有效地处理运行时错误，需要读者更多的实践经验。

为了达到较好的异常处理效果，可以将原先的主方法 Main 的代码更改为以下内容，来提高程序的健壮性。

```
static void Main(string[] args)
{
   try
   {
      Console.WriteLine(CalculatePI());
   }
   catch (FormatException)
   {
      Console.WriteLine("请输入一个正整数。");
   }
   catch (OverflowException)
   {
      Console.WriteLine("你输入的整数超出了有效的范围。");
   }
   catch (Exception e)
   {
      Console.WriteLine("异常：" + e.Message);
   }
}
```

执行程序，按提示输入一个正整数，程序运行的结果如图 12.16 所示。

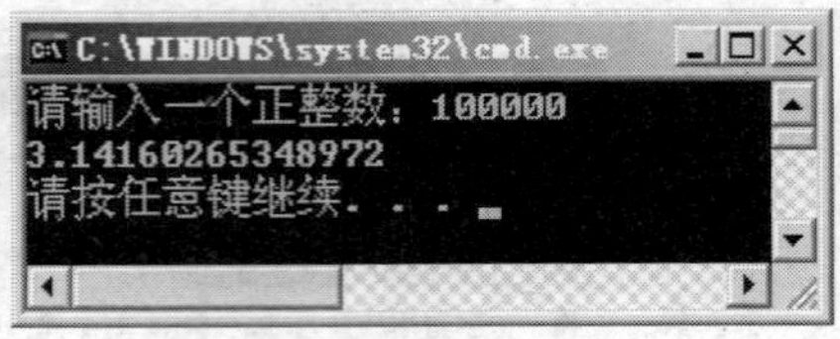

图 12.16　计算的π的值

在上述程序的调试过程中，只是简单地利用光标指向变量来观察变量的值，并没有采用其他的调试手段和调试策略。实际上，VS.NET 提供了许多调试窗口，通过这些窗口能直观、高效地得到调试时的程序的特定信息，从而提高调试的效率，帮助程序员更准确地定位错误。

12.2.3　借助调试信息窗口调试程序

【学一学】

在程序调试状态，VS 的“调试”菜单下有一个“窗口”子菜单，单击该子菜单，会显示如图 12.17 所示的菜单项。

也就是说，在调试程序过程中，可以利用“断点”窗口、“监视”窗口、“局部变量”窗口、“调用堆栈”窗口以及“线程”窗口来显示调试的相关信息，协助调试者从事程序的调试工作。下面分别介绍这几个调试窗口。

1. “断点”窗口

该窗口显示了项目程序中设置的所有断点，如图 12.18 所示。

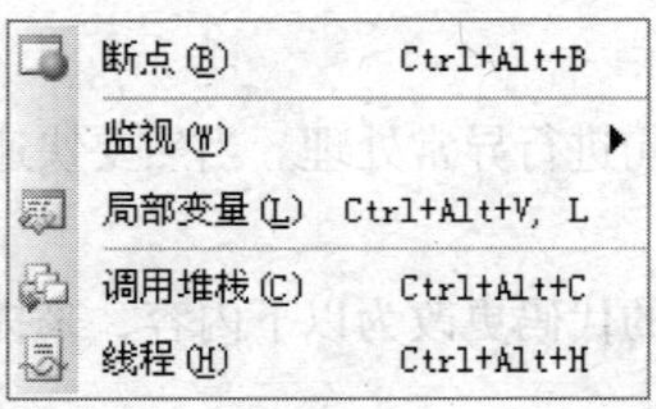

图 12.17　“窗口”子菜单包含的菜单项

图 12.18　“断点”窗口

在该窗口中可以对所有的断点进行编辑，包括新建一个断点、删除所有的或指定的断点、转到断点的源代码处，还可以对断点设置某种条件和筛选器等。

2. “监视”窗口

在该窗口中，可以查看代码中所有变量的状态，包括变量的名称、值和类型；可以在程序代码中选中某变量表达式，将其拖入该窗口中，以便观察变量表达式的值；也可以在“监视”窗口中直接输入变量的名称或变量表达式，来显示它们的值。例如，为方便显示任务 12.5 中表达式 $1.0/(2\times i+1)\times flag$ 的值，可直接将该表达式拖入“监视”窗口中，如图 12.19 所示。

如果要删除某个变量或表达式，选中它按 Delete 键即可。也可双击某变量或表达式的值，对其进行编辑。

3. “局部变量”窗口

顾名思义，该窗口显示局部变量的名称、值和类型。也就是说，该窗口默认情况下仅显示正在调试的代码处所包含的变量的信息。图 12.20 是任务 12.5 中方法 CalculatePI 某一时刻的局部变量信息。

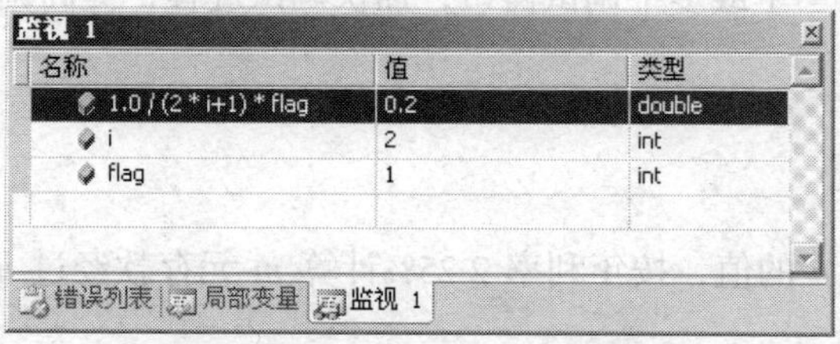

图 12.19　“监视”窗口

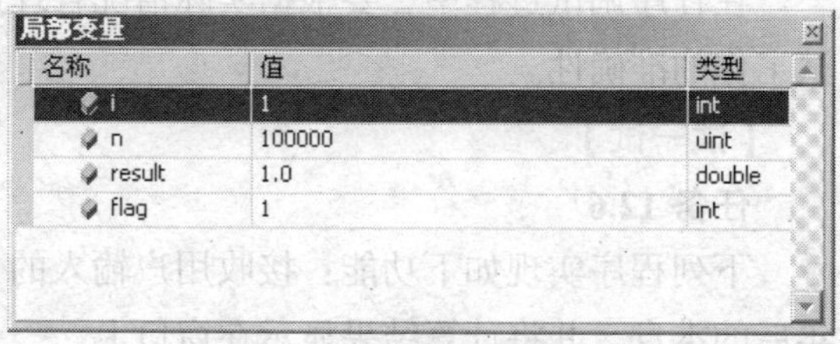

图 12.20　“局部变量”窗口

与“监视”窗口不同的是，“局部变量”窗口会自动显示当前调试区域内所有变量的信息，但不能把变量或表达式拖放到该窗口。

4. “调用堆栈”窗口

该窗口显示了当前程序的执行状态，还显示了当前各函数调用的参数和这些参数的值，如图 12.21 所示。

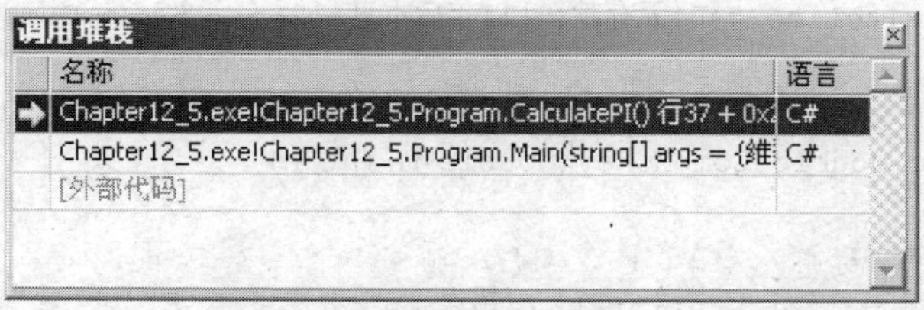

图 12.21　“调用堆栈”窗口

选中窗口中的列表项，单击鼠标右键，在弹出的快捷菜单中可以选择“转到源代码”、“显示参数名”、“显示参数值”等菜单项，在源程序中显示方法的源代码，在窗口中显示参数名和参数值等。

5. “线程”窗口

线程是程序执行的一个基本概念，可以看作是程序执行的一个基本单位。程序执行时，可能有多个线程，但在某一时刻只能有一个线程在执行，该活动线程通常称为现行线程。在“线程”窗口中，列出了程序中的所有线程，以及每个线程的 ID 号、名称、位置、优先级等信息，如图 12.22 所示。

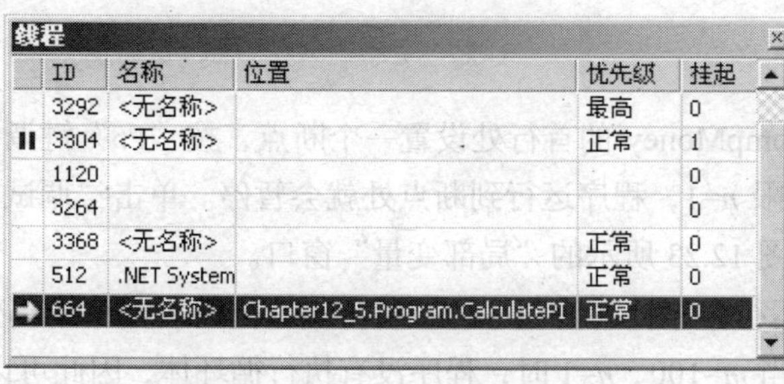

图 12.22　“线程”窗口

在图 12.22 所示的窗口中，黄色箭头所指示的是程序中的现行线程，蓝色双杠所指示的是已冻结的线程。现行线程可以通过快捷菜单进行切换，也可以通过快捷菜单对线程进行冻结和解冻。

在程序调试过程中，要根据实际情况合理选用一个或多个调试窗口，加快调试进程，提高调试工作的准确性。

【试一试】

任务 12.6

下列程序实现如下功能：接收用户输入的 *m*、*n* 的值，按年利率 2.25%计算 *m* 元存款经过 *n* 年后的本息，并将计算结果显示在窗口上。

```
class Program
{
    static void Main(string[] args)
    {
        double  m;
        int n;
        Console.Write("输入存款金额：");
        m = double.Parse(Console.ReadLine());
        Console.Write("输入存款年限：");
        n = int.Parse(Console.ReadLine());
        Console.WriteLine("{0}元存款，{1}年后本息={2:c}元",m,n,CompMoney(m,n));
    }

    static public double CompMoney(double m,int n)
    {
        double sum=m;
        for (int i = 1; i < n;i++ )  //错误 1
        {
            sum*=(1+2.25);            //错误 2
        }
        return sum;
    }
}
```

借助调试窗口，调试上述程序，纠正程序中指示的两处错误，并对程序进行合理的异常处理。

解决思路

（1）由于两处错误都集中在方法 CompMoney 中，故在该方法的首行处设置一个断点。

（2）方法 CompMoney 主要是通过各变量完成本息的计算，因此通过跟踪局部变量的值，就可以发现错误之处。

（3）由于程序的执行过程需要用户输入数据，可能存在运行时错误，因此，要对 Main 方法中的代码进行异常处理。

完成步骤

（1）首先在方法 CompMoney 的首行处设置一个断点，按“F5”键调试程序。按提示输入存款金额 *m*=100，存款年限 *n*=1，程序运行到断点处就会暂停。单击“调试”→“窗口”→“局部变量”菜单项，出现如图 12.23 所示的“局部变量”窗口。

按“F11”键逐行运行程序，看清程序的执行方法，同时观察“局部变量”窗口中各变量的变化。能清楚地看到，当 *m*=100、*n*=1 时，程序没有执行循环体，因此可以判断：for 循环条件存在问题。实际上当 *n*=1 时，循环体应执行一次。于是将错误 1 处的语句更正为以下内容。

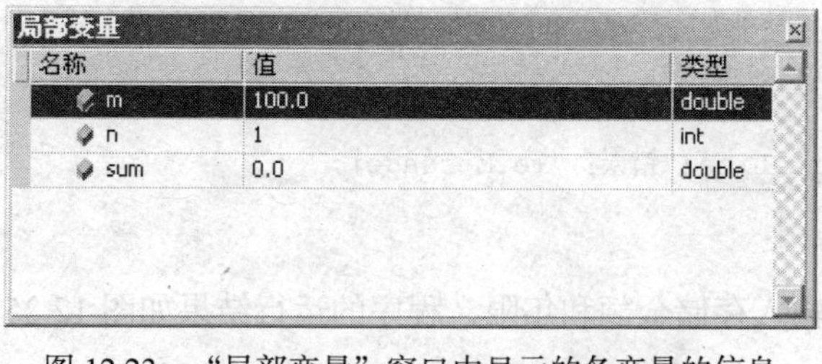

图 12.23　“局部变量”窗口中显示的各变量的信息

```
for (int i = 0; i < n;i++ )
```

（2）重新按“F5”键调试程序，还是输入 *m*=100、*n*=1，按“F11”键逐行运行程序，仔细观察“局部变量”窗口。当程序执行完语句 sum×=(1+2.25)时，“局部变量”窗口中各变量的情况如图 12.24 所示。

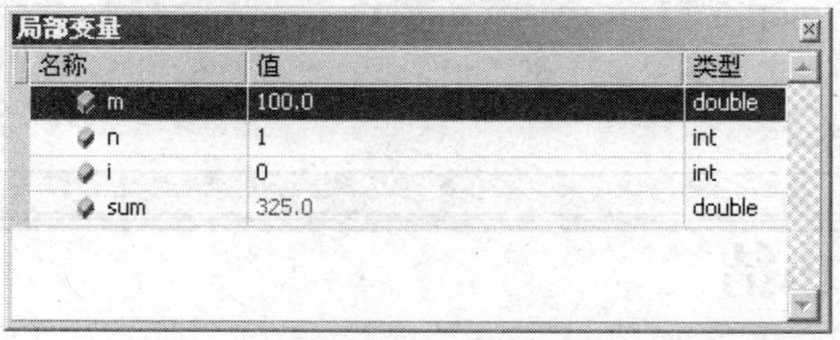

图 12.24　存款 1 年后各变量的情况

显然，此时的本息 sum=325 明显过高，对照本任务的描述，错误就不难排除了。错误 2 处的正确内容如下。

```
sum*=(1+2.25/100);
```

（3）对于主方法 Main 中的代码，根据前面的学习和编程经验，能判断出在程序运行时，可能存在数据类型转换错误和数值超界错误，而对于其他类型的异常，则可以通过带 Exception 参数的 catch 语句进行统一处理。更改后的 Main 方法的内容如下。

```
static void Main(string[] args)
{
    double  m;
    int n;
    Console.Write("输入存款金额：");
    try
    {
        m = double.Parse(Console.ReadLine());
        Console.Write("输入存款年限：");
        n = int.Parse(Console.ReadLine());
        Console.WriteLine("{0}元存款，{1}年后本息={2:c}元", m, n,
              CompMoney(m, n));
    }
    catch(FormatException)
    {
        Console.WriteLine("你输入的数据格式错误！");
    }
    catch(OverflowException)
    {
        Console.WriteLine("你的输入超过了有效范围！");
```

```
    }
    catch(Exception e)
    {
        Console.WriteLine("错误："+e.Message);
    }
}
```

执行程序，按提示输入存储金额和年限，程序的运行结果如图 12.25 所示。

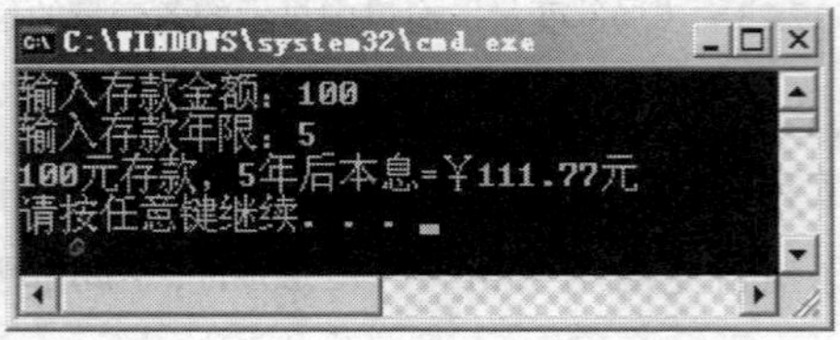

图 12.25　计算的本息

本章小结

本章主要介绍了程序异常的处理以及如何利用调试窗口对程序进行调试。异常是程序执行过程中难免会出现的问题，能正确处理各种异常是编程人员应具备的基本素质。如果不对异常进行处理或处理不当，轻则影响程序的执行效率，重则导致程序崩溃等严重后果。在 C# 中，提供了 try/catch、throw、try/catch/finally 语句，方便了程序员对异常进行处理。需要特别指出的是，在程序中不要滥用这些语句，因为过多的异常势必会影响程序的执行效率。

程序的调试是一项艰苦而又富有挑战性的工作。用户常常会碰到在调试程序过程中欣喜若狂的人士，当然，也有一些愁眉苦脸的人员。幸运的是，VS.NET 开发环境不仅能对编译错误进行及时的提示，而且能利用它的调试功能对运行时错误、逻辑错误进行高效的调试，这其中就包括利用调试器、借助调试信息窗口来调试程序。

总之，程序调试是一项细致和敏锐的工作，需要下功夫、动脑筋，需要善于积累经验。对异常给予足够的重视，调试要讲究方法，这是一个程序员必备的工作态度和职业能力。

练一练

任务 12.7

以下程序的功能是，计算出斐波那契数列 F(*n*)的值，并将结果显示在窗体上。F(*n*)的计算公式为：

```
F(1)=1;
F(2)=2;
F(n)=F(n-1)+F(n-2)，其中 n>2。
```

类 Program 的内容如下。

```
class Program
{
    static void Main(string[] args)
    {
        uint n;
        Console.Write("请输入 n 的值：");
        n = uint.Parse(Console.ReadLine());
        Console.WriteLine("斐波那契数列 F({0})的值={1}", n, CompFn(n));
    }

    static public long CompFn(uint n)
    {
        long[] F=new long[n+1];
        F[1] = 1;
        F[2] = 2;
        for (int i = 3; i <=n;i++ )
        {
            F[i] = F[i - 1] + F[i - 2];
        }
        return F[n];
    }
}
```

对上述程序进行异常处理，以防用户的非法输入导致程序中断。

操作要求

（1）当用户输入非整数时，程序能捕获 FormatException 类型的异常，并提示用户输入一个正整数。

（2）当用户输入 0 或 1 时，程序能捕获 IndexOutOfRangeException 类型的异常，并提示用户输入的整数必须>2。

（3）当用户输入的整数太小或太大时，程序能捕获 OverflowException 类型的异常，并提示用户输入的整数超出了有效范围。

执行结果

执行程序，按提示输入 *n* 的值，如果有异常，程序能捕获异常并给出相应的提示信息，如图 12.26 所示。

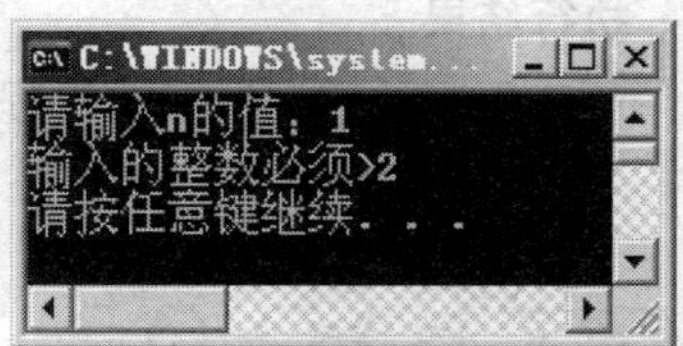

图 12.26　捕获的异常

如输入合理的值，程序的运行结果如图 12.27 所示。

任务 12.8

以下方法 PrintChar 的功能是，打印字符 a～z 及对应的 ASCII 码，每行打印 5 个字符，如图 12.28 所示。

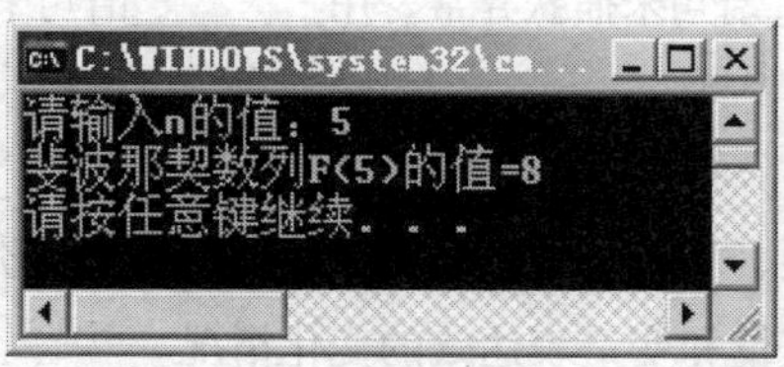

图 12.27　求出的斐波那契数列的值

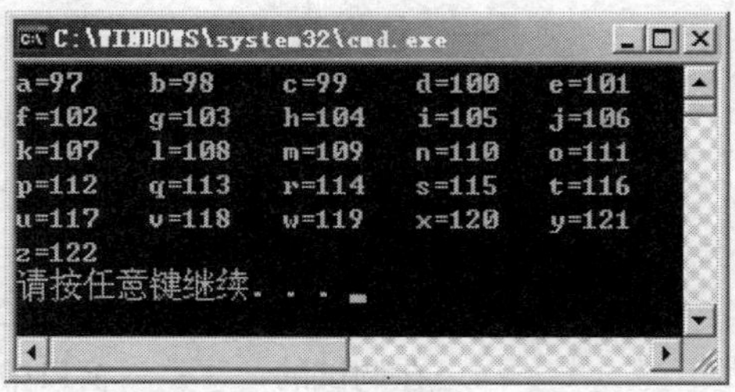

图 12.28　打印的字符和 ASCII 码

```
static public void PrintChar()
```

```
{
    int count = 1;
    string str = "";
    for(char startChar='a';startChar<='z';startChar++)
    {
        str +=(startChar+"="+startChar+"\t");
        count++;
        if(count%5==0)
                str+="\n";
    }
    Console.WriteLine(str);
}
```

调试并更改方法中的错误，使它能输出正确的结果。

操作要求

（1）设置断点。在方法 PrintChar 的首行处设置一个断点。

（2）监视变量和表达式。调试程序，打开“监视”窗口，向“监视”窗口中添加变量 count、str、startChar 和表达式（startChar+"="+startChar+"\t"），逐行执行程序，仔细观察“监视”窗口中变量和表达式的值的变化。如图 12.29 所示。

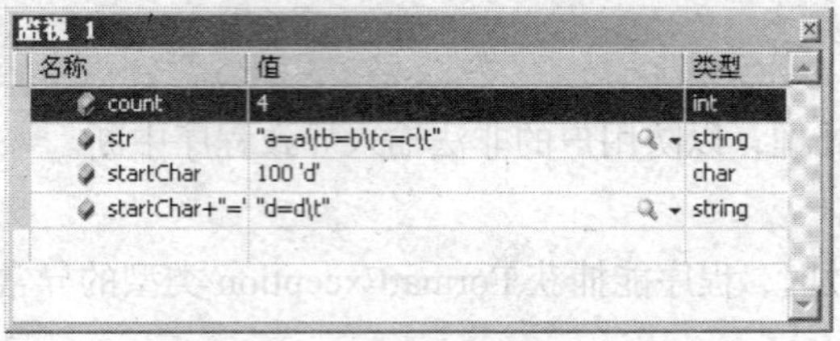

图 12.29 在“监视”窗口中观察变量和表达式的值

（3）当变量 count=5 时，拖动黄色箭头至语句 Console.WriteLine(str)的位置，改变程序的执行语句，并观察此时程序的运行结果。

执行结果

更正程序的错误后，执行程序，运行结果如图 12.28 所示。

习题 12

一、填空题

1. 在 C# 的异常处理机制中，用________语句来捕获异常，用________语句来处理异常。

2. 抛出异常的语法格式是________。

3. 常见的程序错误主要有________错误、________错误和________错误 3 类。

4. 在调试的________窗口中，能观察变量和变量表达式的变化情况。

5. 按________键能设置断点，按________键能调试程序，按________键能逐步执行程序。

二、选择题

1. 下面关于异常的说法正确的是（　　）。

   A. catch 可以和 finally 单独连用

   B. 异常发生后，finally 语句块并不一定执行

   C. throw 语句必须与 try 语句连用

   D. 在处理异常时，可以使用多个 catch 语句

2. 下面描述的程序错误中，（　　）属于编译类型的错误。

   A. 数据类型转换错误　　B. 变量的初值赋值错误

   C. 类的命名与关键字冲突　　D. 访问的文件不存在

3. 下面描述的程序错误中，（　　）属于逻辑类型的错误。

   A. 程序被病毒破坏出现错误

   B. 输出了另一个变量的值

   C. 用户输入了非法的字符

   D. 调用了一个并不存在的方法

4. 下面（　　）窗口并不是调试程序时所特有的窗口。

   A. 线程　　B. 局部变量　　C. 监视　　D. 命令

5. 关于下列程序说法错误的是（　　）。

以下程序是计算整数 n 的约数的个数。

```
class Program
{
    static void Main(string[] args)
    {
        int n,count=0;
        Console.Write("请输入整数 n 的值：");
        n = int.Parse(Console.ReadLine());
        for (int i = 2; i < (n / 2 + 1);i++ )
        {
            if(n%i=0)
                count++;
        }
        Console.WriteLine("{0}的约数共有{1}个",n,count);
    }
}
```

   A. 程序可能会出现异常，因此必须对程序进行异常处理

   B. 程序有编译类型的错误

   C. 程序有逻辑类型的错误

   D. 建议先运行程序，然后调试程序

三、综合题

1. 什么是程序的异常？C#提供了哪些机制对异常进行处理？

2. 常见的程序错误有哪几种类型？分别举例说明。

3. 调试程序时有哪几种调试窗口供程序员观察？它们各种有哪些作用？

4. 以下是一个计算三角形面积的程序，调试程序，并纠正其中的错误（要考虑异常处理)。

```
class Program
{
```

```
    static void Main(string[] args)
    {
        int a, b, c;
        double p,s;
        Console.Write("请输入 3 个整数，用逗号分开：");
        string[] numbers = Console.ReadLine().Split(new char[]{',',','});
        a = int.Parse(numbers[1]);
        b = int.Parse(numbers[2]);
        c = int.Parse(numbers[3]);
        p=(a+b+c)/2.0;
        if(a+b>c || a+c>b || b+c>a)
        {
            s = Math.Sqrt(p*(p-a)*(p-b)*(p-c));
            Console.WriteLine("{0}, {1}, {2}3 条边构成的三角形的面积={3}",a,b,c,s);
        }
        else
        {
            Console.WriteLine("{0}, {1}, {2}3 个整数不能构成一个三角形",a,b,c);
        }
}
```

5. 以下程序是将一个数组中的值按逆序重新存放。例如，原来顺序是 1、5、7、12。逆序后要求是 12、7、5、1。

```
class Program
{
    static void Main(string[] args)
    {
        float[] f1={12,25,45,78.5f,100};
        Console.WriteLine("逆序前数组的值是：");
        for (int i = 0; i < f1.Length;i++ )
            Console.Write(f1[i]+"\t");
        Console.WriteLine();
        Compositor(f1);
        Console.WriteLine("逆序后数组的值是：");
        for (int i = 0; i < f1.Length; i++)
            Console.Write(f1[i] + "\t");
        Console.WriteLine();
    }

    static public float[] Compositor(float[] array)
    {
        float temp;
        int length=array.Length;
        for (int i = 0; i <length/2;i++ )
        {
            temp=array[i];
            array[i] = array[length - i];
            array[length - i] = temp;
        }
            return array;
    }
}
```

利用“局部变量”窗口对方法 Compositor 进行调试，排除其中的错误，并对程序进行适当的异常处理。